"十四五"高等学校数字媒体类专业规划教材

U0184082

Animate CC
动画制作翻转课堂

张 婷 江玉珍 黄宇静◎主编

中国铁道出版社有限公司
CHINA RAILWAY PUBLISHING HOUSE CO., LTD.

内 容 简 介

本书内容全面，条理清晰，深入浅出地介绍了 Animate CC 动画设计的基础知识和实例制作。在内容选取上，重视学生的操作技能培养，精选大量实例进行讲解，画面生动，激发读者学习兴趣。本书有 53 个案例源文件及对应的微课视频，13 个章节的 PPT 及课后练习，让读者快速理解和掌握 Animate CC 动画制作的方法和技巧，满足 Animate CC 初学者和中级用户的学习需要。

本书共分 13 章，主要内容包括：初识 Animate CC、Animate CC 基本图形绘制、基本动画制作——逐帧动画、基本动画制作——形状补间动画、运动补间动画制作——传统补间动画和补间动画、高级动画制作——路径引导动画、高级动画制作——蒙版（遮罩层）动画、按钮元件的制作及视频的播放控制、网站版头的制作、交互动画制作、广告动画制作、公益短片动画制作、故事型动画制作等。

本书适合作为高等院校数字媒体技术、数字媒体艺术、影视新媒体、网络多媒体、现代教育技术、游戏动漫专业等相关专业师生的教学、自学教材，也可作为广大动画爱好者、Animate CC 动画初学者自学参考用书。

图书在版编目（CIP）数据

Animate CC 动画制作翻转课堂 / 张婷，江玉珍，黄宇静主编 . —北京：中国铁道出版社有限公司，2021.2（2023.7 重印）

"十四五"高等学校数字媒体类专业规划教材

ISBN 978-7-113-27441-2

Ⅰ.① A…　Ⅱ.①张…②江…③黄…　Ⅲ.①超文本标记语言－程序设计－高等学校－教材②动画制作软件－高等学校－教材　Ⅳ.① TP312.8 ② TP391.414

中国版本图书馆 CIP 数据核字(2020)第 233336 号

书　　名：Animate CC 动画制作翻转课堂
作　　者：张　婷　江玉珍　黄宇静

责任编辑：王占清　　　　　　　　　　编辑部电话：(010) 83529875
封面设计：刘　颖
责任校对：孙　玫
责任印制：樊启鹏

出版发行：中国铁道出版社有限公司（100054，北京市西城区右安门西街 8 号）
网　　址：http://www.tdpress.com/51eds/
印　　刷：番茄云印刷（沧州）有限公司
版　　次：2021 年 2 月第 1 版　　2023 年 7 月第 2 次印刷
开　　本：787 mm×1 092 mm　1/16　印张：13.5　字数：345 千
书　　号：ISBN 978-7-113-27441-2
定　　价：56.00 元

前 言

随着我国动漫、多媒体、影视等媒体产业的高速发展，数字媒体企业如雨后春笋般涌现，动漫人才大量紧缺。大量的实践课程需要通过精心设计的课程实训来夯实与拓展学生的核心操作技能。将翻转课堂教学模式引入到软件技能类课程的实训教学中，可以使学生在课前迅速熟悉实训所需的基本操作技能，课中进行知识的巩固和内化，使学生的实践能力和创新能力在探究和互助竞争中得到有效提升，凸显了我国着力培养应用型技能型本科人才的指导思想和"大众创业，万众创新""互联网＋"等国家重大战略。

本书主要介绍 Animate CC 动画设计的基础知识和实例制作。其特点是将技术与艺术相结合，并以完成具体项目实例为目标来设立相关章节。为了便于读者学习，本书中包含了大量的实例文件、微课视频，读者可以使用手机扫描书本上的二维码，直接观看相关章节的操作视频。

本书内容丰富、结构清晰、实例典型、讲解详尽、富于启发性。所有实例均是高校骨干教师从教学和实际工作中总结出来的。本书由广西民族大学相思湖学院张婷、广东岭南职业技术学院江玉珍、广西民族大学相思湖学院黄宇静任主编，由广西民族大学韦鸿举任副主编。

本书第一主编张婷，为广西民族大学相思湖学院副教授，对数字媒体设计、产品交互设计、计算机应用技术方面有深入的研究，主讲动画制作、网页设计、Photoshop 等课程多年，发表相关论文数篇，主持相关项目多个，在艺术设计与计算机技术结合方面进行了多年的研究并积累了丰富的经验。

本书的出版得到了广西民办高校重点专业"计算机科学与技术"建设经费的支持，还得到了中国铁道出版社有限公司的大力支持和帮助。此外。在编写过程中，我们还参考了不少学界同仁的研究成果，在此一并致谢。

由于编者水平有限，书中难免有疏漏及不妥之处，恳请各位领导、专家学者和广大读者批评指正。

本书素材源文件请到网站 http//www.tdpress.com/51eds/ 处下载。

编 者

2020 年 9 月

目 录

基础篇

第 1 章

初识 Animate CC

◎ 课前学习任务单

学习主题：Animate CC 概论。

达成目标：了解 Animate CC 的历史、优势、劣势、制作流程及发展趋势等。

学习方法建议：在课前学习 1.1 节的内容，对 Animate CC 有一定的了解。

◎ 课堂学习任务单

学习任务：认识 Animate CC 的工作环境及工具面板。

重点难点：认识软件的界面。

学习测试：新建并保存动画文件。

1.1 Animate CC 概论

Animate CC 是在 Adobe Animate Professional CC 的基础上发展得来的二维动画制作软件。Animate CC 拥有大量的新特性，特别是在保留原本的 Animate 开发工具、Animate SWF 和 AIR 格式的同时，还支持 HTM5 Canvas、WebGL 和其他新格式，并能通过可扩展架构去支持包括 SVG 在内的几乎任何动画格式。同时，Adobe 为桌面浏览器推出了 HTML 5 播放器插件，从而让使用几乎任何桌面或移动设备的观看者都能观看。Animate CC 为游戏设计人员、开发人员、动画制作人员及教育内容编创等人员提供了一个多终端跨平台的基于时间轴的创作环境，用于矢量动画、广告、多媒体内容、逼真体验、应用程序、游戏等作品的设计与创作。

1.1.1 Animate CC 的历史

Animate CC 的前身是 Future Wave 公司开发的 FutureSplash Animator。1996 年 11 月，Future

Splash Animator 卖给了 Macromedia 公司。

2005 年，Adobe 公司以 34 亿美元的天价并购了 Macromedia 公司，从此，Animate 便冠上了 Adobe 的名头，Macromedia Animate 也被重新命名为 Adobe Animate。2015 年 12 月 2 日，Adobe 公司宣布 Animate Professional 更名为 Animate CC，在支持 Animate SWF 文件的基础上，加入了对 HTML5 的支持。

在 2016 年 2 月，Adobe 公司发布了 Animate CC 的第一个版本，称为 Adobe Animate CC 2015.1 发行版，并正式更名为"Adobe Animate CC"，缩写为 An。与 Adobe Animate Professional CC 相比较，该版本引入了一些新功能，包括将 Animate 项目中使用的所有艺术画笔和画刷放在一个总库中，并对 Creative Cloud Libraries 和 Adobe Stock 进行了集成。此外，在 Adobe Animate CC 中可以实现舞台旋转和调整大小、根据舞台大小缩放内容、将视频以多种分辨率导出及增强了绘图纸外观等功能。

2016 年 8 月，Adobe 公司发布了 Adobe Animate CC 2015.2 发行版，该版本新增了图案画笔、帧选择器、透明图层等功能，并对 Web 发布选项、用户定义的彩色绘图纸外观、高级 PSD、AI 导入选项等功能进行了增强。

2017 年 6 月，Adobe 公司发布了 Animate CC 2017 发行版，该版本为游戏设计人员、开发人员、动画制作人员及教育内容编创人员推出了激动人心的新功能。目前最新的版本是 Adobe Animate CC 2020，Adobe Animate CC 2020 除了维持原有 Animate 开发工具支持外，新增 HTML 5 创作工具，为网页开发者提供更适应现有网页应用的音频、图片、视频、动画等创作支持。新版本带来全新的用户界面，提供了更强大的时间轴、增强缓动预设相机、图层深度增强、操作代码向导等实用功能，用户可以创建应用程序、广告和令人惊叹的多媒体内容，并使其在任何屏幕上动起来。

Animate CC 2020 新增的功能介绍如下。

1. 自动关键帧

可以自动插入关键帧或空白关键帧，还可以使用"自动关键帧"选项向选定帧添加"关键帧"或"空白关键帧"。

2. 全新流畅画笔

引入了基于 GPU 的矢量画笔，除了能够配置大小、锥度、角度和圆度外，该工具还提供了稳定器和曲线平滑的功能。

3. Canvas 中支持的新混合模式

在 HTML5 Canvas 文档中新增"变暗""倍增""变亮""屏幕""叠加""实色""浅""不同"等混合模式。利用混合功能，创造出独特的效果。

4. 增强了视频导出

可以指定视频导出起点的开始时间点和生成指定持续时间。通过这种方式，用户可以将动画的任何部分导出为视频。

5. 重新设计了用户界面

重新设计的用户界面更加简单易用，针对触控进行了优化的界面包括增强的属性面板、可个性化的工具栏、新型时间轴等。

1.1.2 Animate CC 的优势和劣势

Animate 动画之所以被广泛应用，是与其自身的特点密不可分的。

（1）从动画组成来看：Animate CC 动画主要由矢量图形组成，矢量图形具有存储容量小，并且在缩放时不会失真的优点。这就使得 Animate CC 动画具有存储容量小，而且在缩放播放窗口时不会影响画面清晰度的特点。

（2）从动画发布来看：在导出 Animate CC 动画的过程中，程序会压缩、优化动画组成元素（例如位图图像、音乐和视频等），这就进一步减少了动画的存储容量，使其更加方便在网上传输。

（3）从动画播放来看：发布后的 .swf 动画影片具有"流"媒体的特点，在网上可以边下载边播放，而不像 GIF 动画那样要把整个文件下载完了才能播放。

（4）从交互性来看：可以通过为 Animate CC 动画添加动作脚本使其具有交互性，从而让观众成为动画的一部分。这一点是传统动画无法比拟的。

（5）从制作手法来看：Animate CC 动画的制作比较简单，一个爱好者只要掌握一定的软件知识，拥有一台计算机、一套软件就可以制作出 Animate CC 动画。

（6）从制作成本来看：用 Animate CC 软件制作动画可以大幅度降低制作成本。同时，在制作时间上也比传统动画大大缩短。

1. Animate CC 动画的优势

（1）Animate CC 动画受网络资源的制约，其一般比较短小，利用 Animate CC 制作的动画是矢量的，无论把它放大多少倍都不会失真。

（2）Animate CC 动画具有交互性优势，可以更好地满足所有用户的需要。它可以让欣赏者的动作成为动画的一部分。用户可以通过点击、选择等动作，决定动画的运行过程和结果，这一点是传统动画所无法比拟的。

（3）Animate CC 动画可以放在网上供人欣赏和下载，由于使用的是矢量图技术，具有文件小、传输速度快、播放采用流式技术的特点，因此动画是边下载边播放，如果速度控制得好，则根本感觉不到文件的下载过程。所以 Animate CC 动画在网上被广泛传播。

（4）Animate CC 动画有崭新的视觉效果，比传统的动画更加灵巧，更加"酷"。不可否认，它已经成为一种新时代的艺术表现形式。

（5）Animate CC 动画制作的成本非常低，使用 Animate CC 制作的动画能够大大地减少人力、物力资源的消耗。同时，在制作时间上也会大大减少。

（6）Animate CC 动画在制作完成后，可以把生成的文件设置成带保护的格式，这样维护了设计者的版权利益。

2. Animate CC 动画的劣势

（1）人才、经验不足。相对传统广告的庞大的从业人员，Animate CC 动画的制作人员很少，且是自发加入到这个行列，这就使 Animate CC 广告先天就营养不良。许多闪客并不具备扎实的美工基础，没有严格的商业操作流程，缺乏知识产权保护，严格意义上的制作群体并没有形成。

（2）Animate CC 中人物刻画不够完善，很多动作、神态都需要有一定的美术功底及 Animate CC 基础，对于初学者来说比较困难。

（3）在 Animate CC 中的一些脚本语言初学时无从下手，只好从大量的视频、书籍里寻找答案，一些高难度的如鼠标跟随、swf 文件加密、asv 反编译等技术暂时无法实现，只好退而求次，在按钮等上面加入一些简单的脚本语言。

（4）广告创意及产品诉求相对单一。多属于简单直观的表达方式，画面比较粗糙，不讲究画面的精美，看重的是在作品中突出品牌，对于产品的深层次特征挖掘不够，在展示产品特色方面做得没有传统的电视广告好。

（5）Animate CC 动画在更新和维护方面不方便，Animate CC 动画制作的周期长，开发费用高。

1.1.3　Animate CC 的应用分类

在现阶段，Animate CC 应用的领域主要有以下几个方面：

（1）娱乐短片。这是当前国内最火爆，也是广大 Animate CC 爱好者最热衷应用的一个领域，就是利用 Animate CC 制作动画短片，供大家娱乐。这是一个发展潜力很大的领域，也是一个动画爱好者展现自我的平台。

（2）片头。都说人靠衣装，其实网站也一样。精美的片头动画，可以大大提升网站的含金量。片头就如电视的栏目片头一样，可以在很短的时间内把自己的整体信息传播给访问者，既可以给访问者留下深刻的印象，同时也能在访问者心中建立良好印象。

（3）广告。这是最近两年开始流行的一种形式。有了 Animate CC，广告在网络上发布才成为了可能，而且发展势头迅猛。根据调查资料显示，国外的很多企业都愿意采用 Animate CC 制作广告，因为它既可以在网络上发布，同时也可以存为视频格式在传统的电视台播放。一次制作，多平台发布，所以必将会越来越得到更多企业的青睐。

（4）MTV。这也是一种应用比较广泛的形式。在一些 Animate CC 制作的网站，几乎每周都有新的 MTV 作品产生。在国内，用 Animate CC 制作 MTV 也开始有了商业应用。

（5）导航条。Animate CC 的按钮功能非常强大，是制作菜单的首选。通过鼠标的各种动作，可以实现动画、声音等多媒体效果，在美化网页和网站的工作中效果显著。

（6）小游戏。利用 Animate CC 开发"迷你"小游戏，在国外一些大公司比较流行，他们把网络广告和网络游戏结合起来，让观众参与其中，大大增强了广告效果。

（7）产品展示。由于 Animate CC 具有强大的交互功能，所以一些大公司，如 Dell、三星等，都喜欢利用它来展示产品。可以通过方向键选择产品，再控制观看产品的功能、外观等，互动的展示比传统的展示方式更胜一筹。

（8）应用程序开发的界面。传统的应用程序的界面都是静止的图片，由于任何支持 ActiveX 的程序设计系统都可以使用 Animate CC 动画，所以越来越多的应用程序界面应用了 Animate CC 动画，如金山词霸的安装界面。

（9）开发网络应用程序。目前 Animate CC 已经大大增强了网络功能，可以直接通过 XML 读取数据，又加强与 ColdFusion、ASP、JSP 和 Generator 的整合，所以用 Animate CC 开发网络应用程序肯定会越来越广泛地被采用。

1.1.4 Animate CC 的动画制作流程

1. 剧本

（1）新建剧本文件。文件命名为"A-剧本名-日期-制作人的名字"，修改时另存一个文件并且把日期改为当日日期。

（2）剧本的来源一般是两种情况：一种是创意部给过来脚本或是客户直接给过来的脚本；另一种是我们自己编写的剧本。

有的时候这些脚本只是描述故事，不能让我们产生直观的印象，这个镜头里需要出现什么，那么这就需要动画制作者把小说式剧本变成运镜式剧本，使用视觉特征强烈的文字来作为表达方式，把各种时间、空间氛围用直观的视觉感受量词表现出来。运镜式剧本其实就是使用能够明确表达视觉印象的语言来写作，用文字形式来划分镜头。创意部提供的剧本有的时候就是带分镜头的，但是相关信息并不全。动画制作者要在此剧本的基础上用视觉语言把他们的文字充实起来。

举例说明：如果要表达一个季节氛围，他们的剧本会写"秋天来了，天气开始凉了"。但是接下来我们要如何描绘一个形容"秋天来了，天气凉了"的场景，此时需要思考如何把季节和气候概念转化为视觉感受。"秋天来了，天气开始凉了。"有多种视觉表达方式，我们必须给人一个明确的视觉感受。剧本可以写"树上的枫叶呈现出一片红色，人们穿上了长袖衣衫。"这是一个明确表达的视觉观感。也可以写"菊花正在盛开，旁边的室内温度计指向摄氏10度"，同样是一个明确表达"秋天来了，天气凉了。"的视觉印象。用镜头语言进行写作，可以清晰地呈现出每个镜头的面貌。如果要表达一个人走向他的车子的情景，可以这样写："平视镜头，××牌轿车位于画面中间稍微靠右，角色A从左边步行入镜，缓步走到车旁，站停，打开车门，弯腰钻入车内"。这就是一个明确的镜头语言表述。

2. 分析剧本

（1）新建剧本分析文件。文件名命名为"B-剧本名-上本日期-制作人的名字"，修改时另存一个文件并且把日期改为当日日期。

（2）当确定运镜式剧本之后，就是定下来都要做什么了，开始分析剧本，确定好三幕，它们分别主要讲哪些事情。

第一幕开端：建置故事的前提与情景，故事的背景。第二幕中端：故事的主体部分，故事的对抗部分。第三幕结束：故事的结尾。

（3）把每一幕划分N个段落，确定每一幕中都有哪些段落，确定每一个段落主要是要讲哪些事情。

（4）把每一段落划分N个场景。确定每一段落中都有哪些场景，其中每一个场景都是具有清晰的叙事目的，并确定在同一时间发生的相互关联的镜头组成，并且想好每个场景间的转场。

（5）把每一场景划分N个镜头。用多个不同景别、角度、运动、焦距、速度、画面造型、声音表现，把一个场景中说的事情说明白。如果在同一场景内有多个镜头的大角度变化，就画出摄像机运动图。

3. 文件名命名规则

设定文件与原件命名代码，新建的文件和原件都用这种代号来替代，以节省文件名长度。

角色名号：JS+角色序列号。

场景号：CJ+场景序列号。

动作号：DZ+动作序列号。

场景号：CJ+场景序列号。

镜头号：JT+镜头序列号。

视角号：SJ+视角序列号。

具体部分号：BF+部分序列号。

部位号：BW+部位序列号。

日期号：当日的月份/日期。

制作人号：制作人员编号。

4. 镜头

（1）新建剧本分析文件。文件名命名为"C-剧本名-上本日期-制作人的名字"，修改时另存一个文件并且把日期改为当日日期。

（2）按照表格把文字的运镜式剧本通过视觉语言把镜头填入进去，并且要把相对应的选择项填写好，如有其他的内容，填写在备注中，尽量做到看表格就能在脑子里形成动起来的画面。

5. 角色设计

（1）初步设计，画出角色的正视图（铅笔稿或是电子版），画出几个人物在一起的集体图，新建角色设计文件时。文件名命名为"D01a-角色号-日期号-制作号"。集体图文件的名称是：D01b-角色名-上本日期-制作号。

（2）画出每个人物的正视角、侧视角、背视角四分之三视角的图，并且用线标出人物在各个视角头部、上身、下身的高度，新建角色多视图文件时，文件名命名为"D02a-角色号-日期号-制作号"。

（3）制作原件，把角色人物在 Animate CC 上画出来，新建角色 Animate CC 文件。人物原件 Animate CC 文件按照顺序设为五层，每个需要动的原件设置为一个原件，把人物全都放在一个大的原件里，原件命名为"D02a-角色号-视角号-日期号-制作号"。关键是要把每个原件的中心点移至与上一个原件连接的连接点，并且在上一个图层遮挡的下边多画出一部分，以便调动作。

（4）给角色上色，并且确定色彩。新建角色上色 Animate CC 文件。文件名命名为"D04a-角色号-日期号-制作号"，先给角色的正视图上色，确定下来之后再给所有的图上色，通过了之后，制作颜色表，把每个部分的颜色用色彩和颜色数值确定下来，依照颜色表给角色所有的视角上色。

（5）制作角色库。新建角色库 Animate CC 文件。文件名命名为"D05a-日期号-制作号"，把所有角色的所有视角图分门别类排列在库中，每个角色都是一层，并把层命名为该角色的名字。

6. 场景设计

（1）初步设计，画出本镜头场景的正视图（铅笔稿或是电子版），画出本场景所需要的多个角度。

（2）给场景上色，并且定色彩，新建场景上色 Animate CC 文件。文件名命名为"E01a－号－场景号－视角号－日期号－制作号"，先给场景的正视图上色，确定之后再给所有的图上色，通过了之后，制作颜色表，把每个部分的颜色用色彩和颜色数值确定，依照颜色表给所有的场景上色。

（3）制作场景库。新建场景库 Animate CC 文件。文件名命名为"E02b－日期号－制作号"，把所有场景的所有视角图分门别类排列在库中，每个场景都是一层，并把层命名为该场景的名字。

7. 动作设计

新建动作 Animate CC 文件。文件名命名为"F01 号－动作号－日期号－制作号"。建立动作原件，原件名"F01 号－动作号－帧数－日期号－制作号"。制作动作库，新建动作库 Animate CC 文件。文件名命名为"F02－日期号－制作号"。把所有动作的所有视角图分门别类排列在库中，每个动作都是一帧，并把层命名为该场景的名字。

8. 镜头合成

新建镜头 Animate CC 文件。文件名命名为"G01 号－镜头号－日期号－制作号"。Animate CC 文件中每个场景就是一个镜头。在本镜头中每一层的名字都要命名为本层动画的名字。如果在本层上做别的动画，在动画的最前一帧上标出动画的名字。在本镜头制作的要件都要存成原件，并且文件名命名为"镜头号－JS/CJ/DZ－要件名－日期号"。

9. 声音合成

声音分成整体音乐和动作特效。整体音乐要根据整个片子来配，不过这些要在后期合成为成片时完成。单个动作音效根据动作来配，可以直接在 Animate CC 的层上添加，不过要在层名字上标注音乐层。可以在 Animate CC 上编辑特效和一些音乐。

10. 后期合成

把所有镜头合成到一起，建立合集文件。命名为"片名＋合集－时间"。有多少镜头文件，就在 Animate CC 文件中建立多少个场景。打开场景，再把相应的镜头文件打开，全选帧后复制，回到合集文件粘贴。把一个个的镜头文件复制到合集中并观看，无误后生成 PNG 串，带通道。

1.1.5 Animate CC 的发展趋势

Animate CC 是一种交互式矢量多媒体技术，是传统手工动画与计算机技术紧密结合的产物，它融合了多媒体和互动两个特性，它一改将平面漫画照搬到网络上仍然是静态页面的展现形态，实现了动态页面，生成了一种新的表现形态。目前，Animate CC 动画已成为网络多媒体的主流，网络作为承载 Animate CC 这一创作形式的第四媒体，将信息的流通带入了一个全新的阶段，也为新媒体艺术另辟新径。

1.2 认识 Animate CC 的工作环境

1. 启动界面

本书以 Adobe Animate CC 2018 版本为基础介绍相关内容，打开 Animate CC 软件，启动界面如图1-1所示。

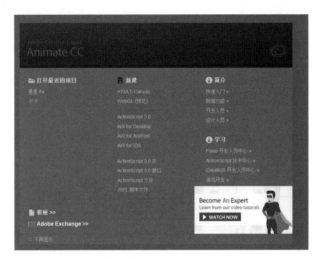

■ 图 1-1　启 动 界 面

2. 新建 Animate CC 动画

选择 ActionScript 3.0，新建 Animate CC 动画，如图1-2所示。

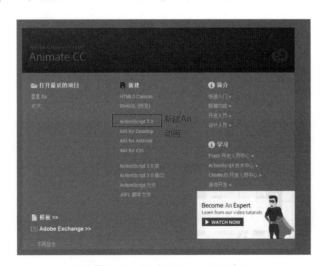

■ 图 1-2　新建 Animate CC 动画

温馨提示：启动 Animate CC时，如果没有出现"开始"页面，则通过单击"文件"|"新建"|"常规"|"Animate文档"命令也可以新建一个动画文件。

3. 工作界面

新建文件之后，进入 Animate CC 工作界面，工作界面分为菜单栏、工具栏、场景和舞台、时间轴、面板等，如图 1-3 所示。

■ 图 1-3　Animate 工作界面

4. 文档选项卡

如果打开或创建多个文档，"文档名称"将按文档创建先后顺序出现在"文档选项卡"中。单击文档名称，即可快速切换到该文档。

5. 时间轴

时间轴用于组织和控制文档内容在一定时间内播放的图层数和帧数。与胶片一样，Animate CC 文档也将时长分为帧。时间轴的主要组件是图层、帧和播放头。

动画是事先绘制好每一帧的动作图片，然后让它们连续播放，便形成了动画效果，时间轴的一些功能介绍如图 1-4 所示。

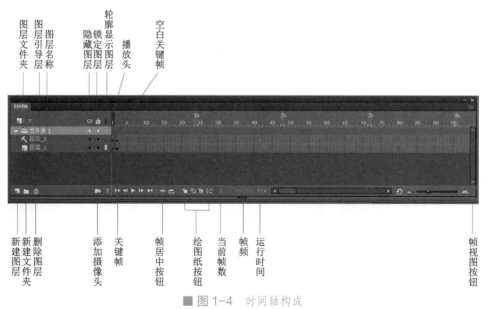

■ 图 1-4　时间轴构成

1.3 认识 Animate CC 工具面板

执行"窗口"|"工具"命令，打开"工具"面板，可以自定义工具面板中的工具，如图 1-5 所示。

（1）椭圆工具：椭圆工具的功能非常强大。它可用来绘制椭圆和正圆，不仅可任意选择轮廓线的颜色、线宽和线型，还可任意选择轮廓线的颜色和圆的填充色。利用椭圆工具还可绘制出有表面光泽的球状图形。

（注：边界线只能定义单色，而在填充区域则可定义多种色彩的渐变色，在颜色面板中设置。）

（2）矩形工具：它是从椭圆扩展出来的一种绘图工具，用法与椭圆工具基本相同，利用它也可以绘制出带有一定圆角的矩形。长按它出现多边形工具，可在属性面板中设置边数，边粗细等一系列效果。

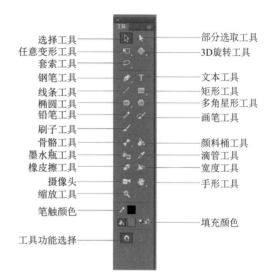

■ 图 1-5　工具面板介绍

工具面板标注：选择工具、任意变形工具、套索工具、钢笔工具、线条工具、椭圆工具、铅笔工具、刷子工具、骨骼工具、墨水瓶工具、橡皮擦工具、摄像头、缩放工具、笔触颜色、工具功能选择；部分选取工具、3D旋转工具、文本工具、矩形工具、多角星形工具、画笔工具、颜料桶工具、滴管工具、宽度工具、手形工具、填充颜色

（3）刷子工具：主要用来更改工作区中任意区域的颜色，以及制作特殊效果。利用刷子工具可以制作书法效果，并且可以把导入的位图作为笔刷来绘画，以及通过调整刷子的压力来达到控制图线的粗细效果等。

（4）滴管工具：在按住【Ctrl+B】快捷键的情况下"滴管工具"才能吸取颜色，以及吸取文字的属性（字体、字号、字形、颜色等）应用于其他文字。

（注：滴管工具仅仅涉及文字属性，不会改变类型。例如，原来是静态文字，不会改为动态文字或输入文字。）

（5）橡皮擦工具：橡皮擦工具用于擦除场景中的图形。擦除模式分5种。

标准擦除——擦除鼠标指针拖动过地方的线条与填充。

擦除颜色——仅仅擦除填充物，不影响线条。

擦除线条——仅仅擦除线条，不影响填充物。

擦除所选填充——只能擦除选中的填充。

内部擦除——仅能擦除鼠标指针起点（单击）处的对象的填充。不影响线条，如果起点处空白，则不会擦除任何对象。

（6）任意变形工具：任意变形工具，用于移动、旋转、缩放和变形对象。

任意变形工具选定一个对象后，四周出现八个控制点和一个变换中心点。控制点、变换中心点的作用，以及变形的操作方法与 Photoshop 中类似。

倾斜变形：在将鼠标指针移至轮廓线附近（控制点处），显示倾斜手柄，拖动可产生倾斜变形。"旋转与倾斜"命令和"缩放与旋转"命令，仍需用鼠标操作。

扭曲变形：可按【Ctrl】键后，进行扭曲变形。

（7）选择工具：用于可选取对象、修改对象（改变图形形状，如拉长或缩短线条长度）。

① 选取对象的方法

单击——选择线条、填充物、对象组、实例、文本。

双击——相连线段中任意一段，选取所有相连线段。

双击——填充物，同时选中填充物与轮廓线。

鼠标拖动矩形框——选中矩形框所有对象（部分）。

② 修改形状方法

拖动节点（不选中）——改变线条、轮廓线形状。

拖动线段（不选中）——改变线条、填充物形状。

（注：选中，则整体拖动。）

（8）部分选取工具：部分选取工具的功能与 Photoshop 中直接选择工具的功能与使用方法类似。功能是：移动图形轮廓线上锚点和控制点的位置，修改图形大小和形状。移动路径上锚点和控制点的位置，修改路径。

选中需转换类型的单个拐角结点（空心变成实心）后，按住【Alt】键，然后用部分选取工具移动该结点。出现控制柄和控制点，结点类型即改变。

（9）套索工具：套索工具用于选取多个对象或不规则区域。

套索工具的功能既可相当于 Photoshop 中的魔术棒工具，也可相当于套索工具。关键是选项栏上的设置。

"魔术棒"按钮，单独按下，使用方法和选取效果与 Photoshop 套索工具或魔术棒类似。

"多边形工具"按钮，单独按下，使用方法和选取效果与 Photoshop 多边形套索工具类似。

上述两个按钮均按下——相当于多边形套索工具。

单击"魔术棒"按钮，弹出"魔术棒"属性对话框，设定阈值及平滑度。

（10）颜料桶：颜料桶工具可对"封闭"区域进行填充纯色、渐变色、位图等。

选项栏设置——选择"封闭"区域间隔尺寸。

不封闭空隙——只能在封闭区域填充。

封闭小空隙——区域边界有小空隙，仍可填充。

封闭中等空隙——区域边界有中等空隙，仍可填充。

封闭大空隙——区域边界有大空隙，仍可填充。

单击"锁定填充"按钮，则填充渐变色或位图时，填充"映射（作用范围）"为整个场景。例如，渐变色是色谱，若锁定，整个场景才能显示色谱所有颜色；若不锁定，则填充范围内，就可显示色谱的所有颜色。

修改填充色，也不一定用颜料桶。例如，可以用箭头工具，选中一个对象后，在工具面板"颜色"区中，或"混色器"面板上，更改填充色即可编辑渐变色和位图填充效果，须在"混色器"面板上进行（单色填充，无编辑问题）。填充用的位图，需提前导入。如果本文档的库中没有位图，则在填充类型框中选中"位图"后，需立即导入一幅位图。凡是在库中有的位图，在混色器面板均能自动显示。

（11）线条工具：有时称为直线工具，用于绘制直线。

按下鼠标左键在场景中拖动，即可绘制直线。按住【Shift】键后，绘制直线时，绘制出的直线倾角为 45° 倍数。若选中菜单"视图"|"网格"|"显示网格"命令，则拖动鼠标接近网格时，

会被"吸附"到网格线上。

（12）铅笔工具：铅笔工具可信手绘制曲线。

选项栏可设置三种绘图模式。

伸直（直线）模式——用于绘制直线。当所绘图形封闭时，会自动拟合成三角形、矩形、椭圆等规则几何图形。

平滑模式——绘制出比较光滑的曲线。

墨水（徒手）模式——对绘制的曲线不加修饰。

（13）钢笔工具：钢笔工具用于绘制路径、修改路径。兼备 Photoshop 中三种钢笔工具功能，即钢笔、添加锚点、删除锚点，以及转角点工具的功能。

在场景中单击设定锚点，锚点之间自动添加连线，成为路径。单击设定的是拐角锚点，按住鼠标左键并拖动设定的是曲线锚点。提示：①绘制不封闭的路径，按【Esc】键结束，或者在结束结点处双击。②没有封闭的路径可以继续绘制，用钢笔选中路径后，单击两个端点中的任意一个，即可继续绘制。

修改路径仍使用钢笔工具。添加、删除结点——当鼠标指针移动至路径上无结点处，指针右下方出现"＋"，单击可以添加结点；当鼠标指针移动至路径上有结点处，指针右下方出现"－"，单击可删除结点（只能删除拐角结点）。

转变结点类型——只能将曲线结点转换成拐角结点。方法是，将鼠标指针移至结点处，指针右下方出现尖角图形后单击。拐角结点转成曲线结点用部分选取工具。

（14）文本工具：文本工具用于制作文字对象。

在 Animate CC 中，文本有三类。即静态、动态及输入。

静态文本——内容及外观在制作影片时确定，播放过程中不会改变。

动态文本——可在播放过程中更新内容和外观。

输入文本——播放过程中，供浏览者输入，产生交互效果。

文本框类型：文本框有两种，可相互转换。宽度不固定的文本框，右角上控制柄为圆形，拖动鼠标控制柄，即可转换成宽度固定文本框。宽度固定文本框，右角上控制柄为方形，双击控制柄，即可转换成宽度不固定文本框。

（15）手形和缩放工具：手形工具用于移动场景工作区。缩放工具用于缩放场景比例尺（按住【Alt】键缩小）。

（16）线条工具与颜色设置

线的宽度为 0 ~ 10 磅。线条颜色只能是纯色。可在工具面板颜色区或混色器面板上设置。线条样式，又称笔触样式，包含直线、虚线、点状线、点刻线、锯齿线、斑马线等六种。

1.4　常用面板介绍

1. 舞台

舞台是创建 Animate CC 文档时放置图形内容的矩形区域。在"属性"面板中可以修改舞台的大小。时间轴右上角的"显示比例"中可以根据需要改变舞台显示比例的大小，如图1-6所示。

选择"缩放工具"，在舞台上单击可放大或缩小舞台的显示比例。按住【Att】键可以互相切换缩放大小，如图1-7所示。

■ 图1-6　设置舞台显示比例　　　　　　　　■ 图1-7　缩放舞台显示比例

2. 常用面板简介

（1）"属性"面板

"属性"面板可以很容易地访问舞台或时间轴上当前选定项的最常用属性。也可以在面板中更改对象或文档的属性，如图1-8所示。

（2）"动作"面板

"动作"面板是动作脚本的编辑器，如图1-9所示。

■ 图1-8　"属性"面板　　　　　　　　■ 图1-9　"动作"面板

（3）"对齐"面板

"对齐"面板分为5个区域，可以重新调整选定对象的对齐方式和分布，如图1-10所示。

（4）"颜色"面板

"颜色"面板可以创建和编辑"笔触颜色"和"填充颜色"、选择填充类型、调整RGB值和Alpha值等，如图1-11所示。

■ 图 1-10　"对齐"面板

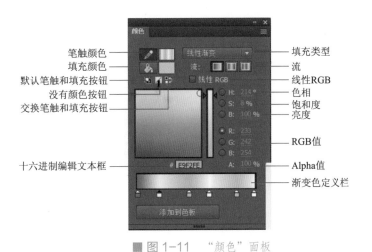

■ 图 1-11　"颜色"面板

（5）"样本"面板

"样本"面板提供了最为常用的"颜色"，并且能"添加颜色"和"保存颜色"。单击可选择需要的常用颜色，如图 1-12 所示。

（6）"信息"面板

"信息"面板可以查看对象的大小、位置、颜色和鼠标指针的信息，如图 1-13 所示。

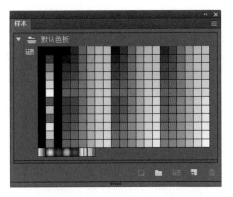

■ 图 1-12　"样本"面板

■ 图 1-13　"信息"面板

（7）"场景"面板

一个动画可以由多个场景组成。

"场景"面板中显示了当前动画的场景数量和播放的先后顺序。当动画包含多个场景时，将按照它们在"场景"面板中的先后顺序进行播放，如图 1-14 所示。

（8）"变形"面板

"变形"面板可以对选定对象执行缩放、旋转、倾斜和创建副本的操作。"变形"面板分为 3 个区域，如图 1-15 所示。

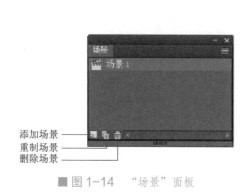

添加场景
重制场景
删除场景

■ 图 1-14   "场景"面板

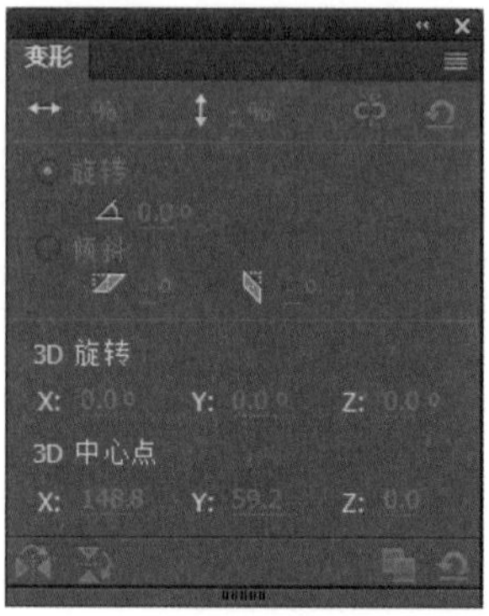

■ 图 1-15   "变形"面板

（9）"组件"面板

使用 HTML5 Canvas 中的"组件"面板可以查看所有"组件"。可以在创作过程中将"组件"添加到动画中。"组件"提供一种功能或一组相关的重用自定义组件，提高设计人员的工作效率。一个"组件"就是一段影片剪辑。所有"组件"都存储在"组件"面板中。

"组件"面板包含 jQuery UI、用户界面、视频，如图 1-16 所示。

（10）"组件参数"面板

选中"组件"实例，在"组件属性"面板中有"显示参数"按钮，单击可打开"组件参数"面板，如图 1-17 所示。

■ 图 1-16   "组件"面板

■ 图 1-17   "组件参数"面板

（11）"代码片段"面板

选择"窗口"|"代码片段"命令，打开"代码片段"面板。"代码片段"面板可以使非编程人员能够很快就开始轻松使用简单的 JavaScript 和 ActionScript 3.0。借用该面板，可以将代码添加到 FLA 文件以启用常用功能。

利用"代码片段"面板，可以添加能影响对象在舞台上行为的代码，添加时间轴中控制播放头移动的代码和（仅限 CS 5.5）添加允许触摸屏用户交互的代码。同时可以将创建的新代码片段添加到面板，如图 1-18 所示。

■ 图 1-18　"代码片段"面板

（12）"输出"面板

"输出"面板在测试文档模式下，窗口自动显示提示信息，有助于调试影片中的错误。

如果在脚本中使用"trace"动作，影片运行时，可以向"输出"面板发送特定的"信息"，并在面板中显示出来。这些信息包括影片状态说明或者表达式的值，如图 1-19 所示。

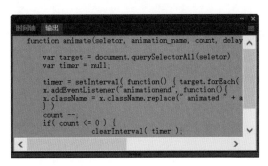

■ 图 1-19　"输出"面板

（13）"图层深度"面板

使用在高级图层中的"图层深度"面板，可以在不同的平面中放置资源，在动画中创建深度感。同时可以修改图层深度和补间深度，并在"图层深度"面板中引入摄像头以创建视差效果，如图 1-20 所示。

（14）帧选择器面板

选择"窗口"|"帧选择器"面板，打开"帧选择器"面板。在"帧选择器"面板中，选择"列表"或"缩览图"视图可显示所选图形元件所有帧的预览结果。还可以查看帧编号及其标签。使用"滑块"或"缩放按钮"可调整预览或缩览图大小。将"滑块"调整到面板的左下角可在视图中查看更多的帧。将"滑块"移动到右下角则可查看更大的预览。单击任何一帧，将其设置为所选元件的第一帧。

帧的筛选选项有所有帧、关键帧及标签，如图 1-21 所示。

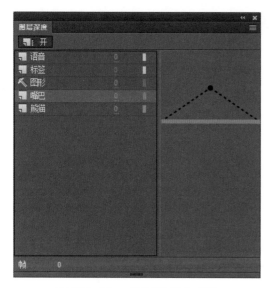

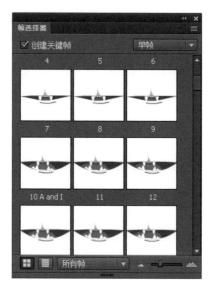

■ 图 1-20　"图层深度"面板　　　　　　■ 图 1-21　"帧选择器"面板

本 章 小 结

　　本章学习了 Animate CC 的历史、优势、劣势、应用分类、制作流程及发展趋势等，认识了 Animate CC 软件的工作环境及工具面板，这些都为我们今后学习 Animate CC 打下了基础。接下来，我们就要学习使用 Animate CC 软件来制作动画啦！

课 后 检 测

　　打开 Animate CC 软件，新建一个动画文件，保存为"我的第一个动画 .fla"文件。

第 *2* 章

Animate CC 基本图形绘制

◎ 课前学习任务单

学习主题：绘制矢量图形。

达成目标：掌握选择工具、矩形工具、椭圆工具、线条工具的使用方法。

学习方法建议：在课前观看微课视频学习，并尝试绘制矢量图形。

◎ 课堂学习任务单

学习任务：制作毛笔、酒杯、立体文字图形。

重点难点：熟练掌握绘图工具的使用方法，尤其是"选择工具"调整图形的功能。

学习测试：制作一把彩虹雨伞。

在使用Animate CC软件创建动画之前，首先需要创建各种精美的图像，然后在此基础上进行动画创作，所谓万丈高楼平地起，打好地基很重要。除了熟练掌握各种绘图工具的使用技巧及颜色的处理外，还需要理解图层、元件、实例的含义。

虽然Animate CC不是专业的绘图软件，但是它提供了绘制、编辑图形的全套工具，通过本章的学习，我们可以绘制出精美的图形，并在此基础上进行动画创作，为此应该首先了解Animate CC的绘图原理，掌握相关的术语。

（1）元件和实例：元件是在动画中反复使用的元素，可以是图形、按钮或影片剪辑。用鼠标直接将元件从库中拖到舞台上，就创建了该元件的一个实例。我们可以将元件理解为一个演员本身，当他登上舞台，就成为一个角色，即实例，角色有很多种，实例也可以放大、缩小、旋转，但是元件只有一个，即演员本身。所以对元件进行修改，所有的实例将会随之修改。

（2）图层：我们可以将图层想象成为一叠透明的纸，每张纸代表一个层，透过一张纸的空白部分可以看到下面纸的内容，而纸上有内容的部分将会遮挡住下面相同部位的内容。所以可以通过调整纸（层）的次序来改变所看到的内容。利用不同图层来组织安排动画对象，有利于对它们进行管理，不会相互影响。一般来说，背景层放在最底层，放置静止的图像，其他图层则放置运动的图像。

Animate CC 是一款动画制作工具，可以创建简单动画，也可以创建复杂的交互动画。绘图只是为动画创建做准备，绘图时要注意安排图层次序，要循序渐进，多加练习。

2.1 矢量图形绘制

计算机中显示的图形一般可以分为两大类——矢量图和位图。矢量图使用直线和曲线来描述图形，这些图形的元素是一些点、线、矩形、多边形、圆和弧线等，它们都是通过数学公式计算获得的。它并不是由一个个点显示出来的，而是通过文件记录线及同颜色区域的信息来表示，再由能够读出矢量图的软件把信息还原成图像。例如，一幅花的矢量图形实际上是由线段形成外框轮廓，由外框的颜色以及外框所封闭的颜色决定花显示出的颜色。由于矢量图形可通过公式计算获得，所以矢量图形文件体积一般较小。矢量图形最大的优点是无论放大、缩小或旋转等，都不会失真，不会产生"马赛克"；最大的缺点是难以表现色彩层次丰富的逼真图像效果。

矢量图像，又称为面向对象的图像或绘图图像，在数学上定义为一系列由线连接的点。矢量文件中的图形元素称为对象。每个对象都是一个自成一体的实体，它具有颜色、形状、轮廓、大小和屏幕位置等属性。既然每个对象都是一个自成一体的实体，就可以在维持它原有清晰度和弯曲度的同时，多次移动和改变它的属性，而不会影响图例中的其他对象。这些特征使基于矢量的程序特别适用于图例和三维建模，因为它们通常要求能创建和操作单个对象。基于矢量的绘图同分辨率无关。这意味着它们可以按最高分辨率显示到输出设备上。

位图图像（bitmap），又称为点阵图像或绘制图像，是由称为像素（图片元素）的单个点组成的。这些点可以进行不同的排列和染色以构成图样。当放大位图时，可以看见构成整个图像的无数单个方块。扩大位图尺寸的效果是增大单个像素，从而使线条和形状显得参差不齐。然而，如果从稍远的位置观看它，位图图像的颜色和形状又显得是连续的。

在 Animate CC 创建动画时，使用矢量图来绘制，有以下优点：

（1）文件小，图像中保存的是线条和图块的信息，所以矢量图形文件与分辨率和图像大小无关，只与图像的复杂程度有关，图像文件所占的存储空间较小。

（2）图像可以无限缩放，对图形进行缩放、旋转或变形操作时，图形不会产生锯齿效果。

（3）可采取高分辨率印刷，矢量图形文件可以在任何输出设备（打印机）上以打印或印刷的最高分辨率输出。

2.1.1 课前学习——绘制坐标轴及抛物线

我们将用线条工具绘制图 2-1 所示的坐标轴及抛物线。

（1）在舞台中央绘制一条水平直线，使用"线条工具"，按住【Shift】键的同时，可以绘制水平直线，如图 2-2 所示。

（2）为了让水平直线位于舞台的正中央，借助"对齐"面板来自动对齐，如图 2-3 所示。使用"选择工具"，将直线选中，接下来打开"对齐"面板，将"与

请扫一扫获取
相关微课视频

舞台对齐"复选框选中，并单击"垂直中齐"和"水平中齐"两个按钮，如图2-4所示，让直线相对于舞台，位于舞台的正中央。同理，再绘制一条垂直线条，用同样的方法让其相对于舞台居中对齐，如图2-5所示。

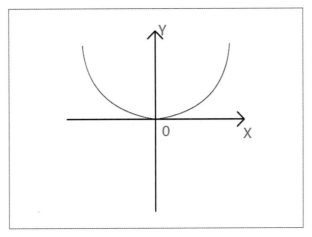

■ 图2-1　绘制坐标轴及抛物线

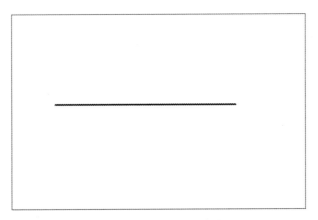

■ 图2-2　绘制水平直线

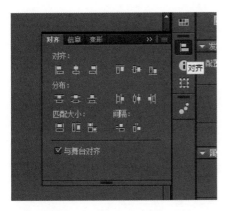

■ 图2-3　打开"对齐"面板

■ 图2-4　相对于舞台居中对齐

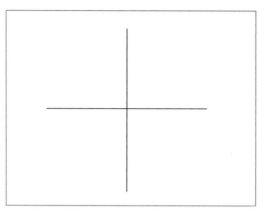

■ 图 2-5　绘制坐标轴

（3）用"线条工具"，按住【Shift】键的同时，绘制45°的斜线，如图2-6所示。

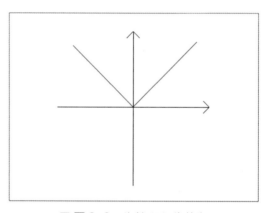

■ 图 2-6　绘制 45°的斜线

（4）若要将45°的斜线修改成为抛物线形状，需要使用工具箱当中的"选择工具"，将"选择工具"放置到斜线周边，指针形状变成弧状，说明可以将直线修改为曲线。按住鼠标左键，并且往下方拖动，可以将直线改变为曲线，如图2-7所示，直到修改成所需要的造型，再松开鼠标，也可以多次修改，直到满意为止。抛物线绘制效果如图2-8所示。

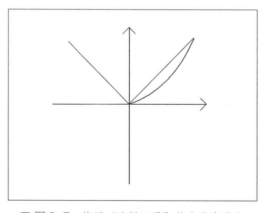

■ 图 2-7　使用"选择工具"将直线变曲线

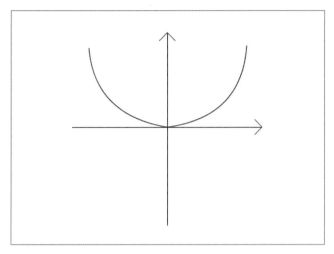

■ 图 2-8　抛物线的绘制

（5）最后，使用"文本工具"，加入坐标轴名称 X、Y、0，并将坐标轴的线条笔触调整为"3.00"，完成练习，如图 2-1 所示。

2.1.2　课堂学习——绘制毛笔

绘制图形除了使用"线条工具"，还可以使用铅笔、刷子、颜料桶、墨水瓶等工具，让动画造型更加色彩鲜艳，生动有趣。我们首先来学习绘制毛笔，效果如图 2-9 所示。

（1）首先将"笔触颜色"调整为黑色，"填充颜色"调整为无色，如图 2-10 所示，这样才能绘制空心图案。

请扫一扫获取
相关微课视频

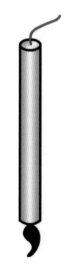

■ 图 2-9　绘制毛笔

■ 图 2-10　调整笔触颜色及填充颜色

（2）用"矩形工具"及"椭圆工具"，绘制毛笔的笔杆子，如图 2-11 所示。
并用"选择工具"将某些直线部分修改为曲线，把多余的线条删除。

（3）在笔杆一侧的空白部分，绘制毛笔的笔刷部分，首先将"笔触颜色"调整为无色，"填充颜色"调整为黑色，如图2-12所示。使用"椭圆工具"，绘制笔刷，如图2-13所示，并用"选择工具"调整笔刷的造型，最终效果如图2-14所示。

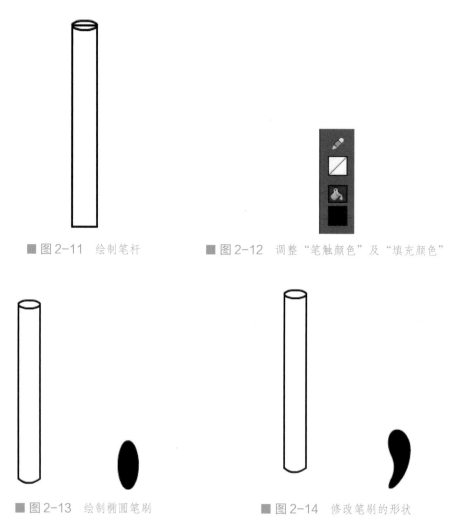

■ 图2-11　绘制笔杆　　　　　　■ 图2-12　调整"笔触颜色"及"填充颜色"

■ 图2-13　绘制椭圆笔刷　　　　■ 图2-14　修改笔刷的形状

（4）单击笔刷可以看到很多密密麻麻的小白点，如图2-15所示，说明笔刷图形是散件，为了更好地管理各个图形部件，我们需要将散件组合，单击笔刷图形将其选中，按【Ctrl+G】快捷键将其组合成为图形，如图2-16所示。同样，将笔杆子选中，按【Ctrl+G】快捷键也将其组合成为图形。

■ 图2-15　散件　　　　　　　　■ 图2-16　组合

（5）将笔刷图形移动到笔杆子下方，如图 2-17 所示，最后给笔杆子填充颜色，使其看起来更加立体。填充颜色的方法为：打开"颜色"面板——类型选择"线性渐变"，"流"选择"反射颜色"，在色带上的中间位置单击，添加一个墨水瓶。色带上总共有三个墨水瓶，对每一个墨水瓶双击，选择颜色，三个墨水瓶的颜色分别为"橙—白—橙"，如图 2-18 所示，这样就能调制出中间高光的立体圆柱效果，使用工具箱当中的"颜料桶工具" 🖸 在笔杆子上单击，即给笔杆子上色，如图 2-19 所示。

（6）选择"画笔工具"，又称"刷子工具"，修改笔触颜色为红色，在笔杆上绘制一条红线，绘制完成后使用"选择工具"选中红线，按【Ctrl+G】快捷键将其打组，如图 2-20 所示，一支毛笔就绘制完成了。

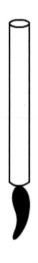

■ 图 2-17　将笔杆和笔刷组合

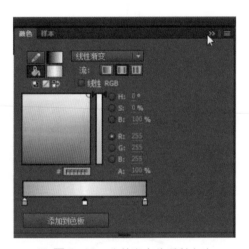

■ 图 2-18　线性渐变的调制方法

■ 图 2-19　给笔杆上色

■ 图 2-20　绘制红线

2.1.3　课堂学习——绘制酒杯

请扫一扫获取
相关微课视频

接下来，我们用所学的工具来绘制图 2-21 所示的酒杯。

（1）绘制图 2-22 所示的两个椭圆，为了方便绘制，可以在绘制椭圆的，同时按住【Alt】键，从圆心开始往四周画圆。

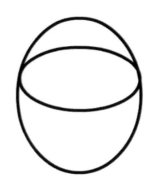

■ 图 2-21　绘制酒杯

■ 图 2-22　绘制两个椭圆

（2）使用"矩形工具"和"椭圆工具"绘制酒杯的杯脚部分，如图 2-23 所示。使用"选择工具"选中多余的线条，按【Delete】键删除，如图 2-24 所示。

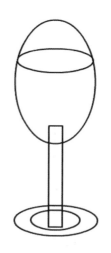

■ 图 2-23　绘制其他部分

■ 图 2-24　删除多余线条

（3）为酒杯填充颜色，打开"颜色"面板，将类型选择为"线性"，两个墨水瓶的颜色分别设置为"白—浅蓝"，如图 2-25 所示。使用工具箱当中的"颜料桶工具" ，以画线的方式，将渐变颜色按照线条方向进行填充，最终效果如图 2-21 所示。

■ 图 2-25　颜色面板的设置

2.1.4　任务实施——绘制灯笼

通过两个实例，让大家了解了 Animate CC 的基本图形绘制，接下来，请大家
完成以下任务，绘制图 2-26 所示的灯笼。

请扫一扫获取
相关微课视频

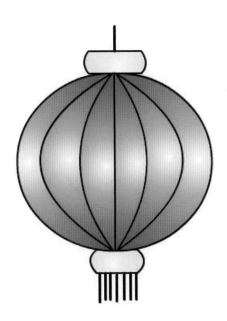

■ 图 2-26　绘制灯笼

（1）选中"椭圆工具"并按住【Shift】键绘制一个圆，并在"对齐"面板中设置圆相对于舞

台居中，在圆外再绘制一条垂直直线，如图2-27所示。将直线也设置为相对于舞台居中，如图2-28所示。

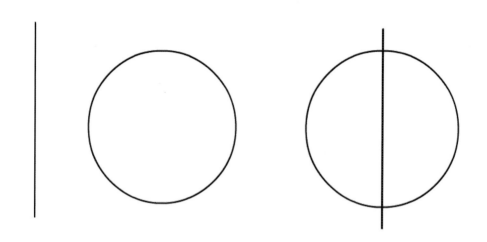

■ 图2-27 绘制圆与直线　　　　　　■ 图2-28 将圆与直线相对于舞台居中

（2）选中圆中的一段直线，右击后选择"复制"命令，再右击后，选择"粘贴"命令，将复制的直线移动到圆外，使用"选择工具"，将直线调整为曲线，如图2-29所示，再将曲线放回至圆中。

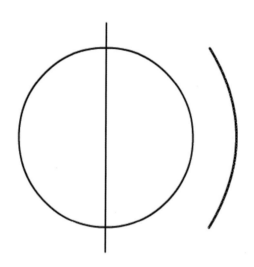

■ 图2-29 绘制曲线

（3）用同样的方法，绘制第二条曲线，将绘制好的两条曲线选中，执行"复制"和"粘贴"操作，使用工具箱当中的"任意变形工具"，右击已经选中的两条曲线，选择"变形"→"水平翻转"命令进行水平翻转，效果如图2-30所示。将曲线位置摆放好，效果如图2-31所示。

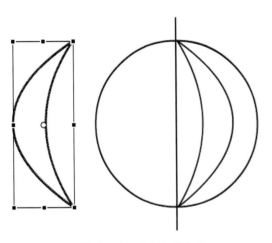

■ 图 2-30　镜像复制曲线　　　　　■ 图 2-31　曲线绘制完成

（4）使用"矩形工具"和"线条工具"，绘制灯笼的其他部件，并将多余的线条删除，如图 2-32 所示。

（5）使用放射渐变填充灯笼的颜色，填充方法为：打开"颜色"面板，将类型选择为"放射状"，两个墨水瓶的颜色分别设置为"白—红"，最终效果如图 2-33 所示。

■ 图 2-32　灯笼初稿完成

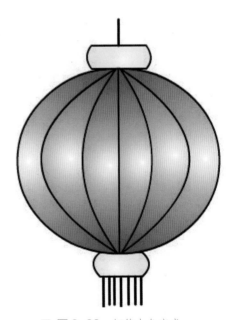

■ 图 2-33　灯笼上色完成

2.2 散件及组合

在 Animate CC 中绘制矢量图，必须学习一个重要的知识点，即散件和组合的区别。绘制两个椭圆，发现它们会结合到一起成为新的图形，单击图形，发现上面有许多密密麻麻的小白点，如图2-34所示，则说明这个图形是散件，散件之间会发生镂空、贴合等现象，如图2-35所示。有时为了方便各个元素间的编辑，我们要将散件进行组合，如图2-36所示。

为了避免散件间发生镂空，同样也可以暂时将散件组合起来，如图2-36所示。将散件组合，使用【Ctrl+G】快捷键，取消组合时使用【Ctrl+Shift+G】快捷键，在组合中编辑某个对象则双击组合。组合的对象是不会被放到库中的。先组合的对象是放最下方的。最后组合的图形是放在最上方的。可以通过右击并选择"排列"命令，调整各个组合图形的图层次序关系，如图2-37所示。

■ 图2-34　散件结合图　　　　■ 图2-35　散件镂空　　　　■ 图2-36　将散件组合

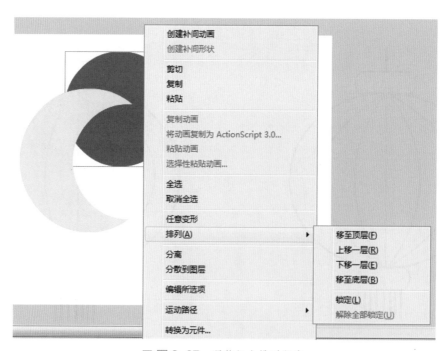

■ 图2-37　调整组合排列顺序

取消组合也可以用分离命令，使用【Ctrl+B】快捷键，可以将图形或组合打散，这里要注意的是，对于文字要用两次打散命令：第一次打散，是将多个文字打散成为单个文字，如图2-38所示；第二次打散，是将单个文字分离为散件，如图2-39所示。

■ 图 2-38　执行第一次打散命令

WELCOME

■ 图 2-39　执行第二次打散命令

2.2.1　课前学习——绘制立体图形

为了灵活运用散件和组合创建动画造型，首先学习简单的立体图形绘制，如图 2-40 所示，在绘制的过程中，学习两者的区别。

请扫一扫获取
相关微课视频

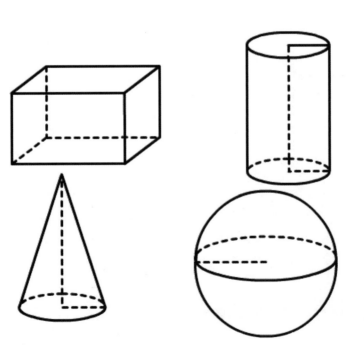

■ 图 2-40　绘制立体图形

首先，绘制长方体图形，怎么绘制得准确呢？

（1）用"矩形工具"绘制一个长方形，选中长方形并右击执行"复制"和"粘贴"操作，复制一个一模一样的长方形出来，并将第二个长方形放置在第一个长方形的右后方，如图2-41所示，需要注意的是，粘贴第二个长方形之后，不要取消选择，要在选中的状态下移动，确定位置无误后，再取消选择，否则图案会被镂空。

（2）将其余的边，用"线条工具"连接起来，"线条工具"具有捕捉顶点的功能，可以将两个顶点连接，如图2-42所示。

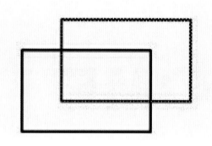

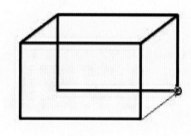

■ 图2-41　复制长方形　　　　　　　　　■ 图2-42　连接其余线条

（3）为了将看不到的边设置为虚线，我们要将看不到的三条边选中，由于绘制的图形是散件，线条被分割成为几部分，要使用【Shift】键来连续选择多条线条，选择完成后，在"属性"面板的"填充和笔触"→"样式"下拉列表中选择"虚线"，如图2-43所示。长方体绘制完成，最终效果如图2-44所示。

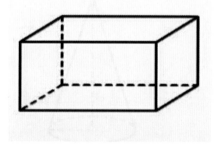

■ 图2-43　将线条样式设置为虚线　　　　　■ 图2-44　长方体绘制完成

接下来，绘制圆柱体，在绘制之前，分析圆柱体的构成，分别由一个矩形和两个椭圆构成。

（4）绘制一个矩形，以及一个椭圆，为了让椭圆跟矩形更好地接合，我们可以使用【Alt】键，从圆心开始画圆。绘制好一个椭圆之后，复制一个椭圆，放置在底部，如图2-45所示。

（5）绘制圆柱体的高，并将多余线条选中，按【Delete】键删除，如图2-46所示。

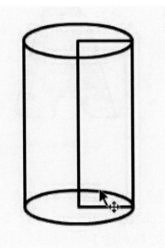

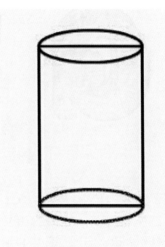

■ 图2-45　绘制矩形及椭圆　　　　　　■ 图2-46　修剪多余线条

（6）用如图2-43的方法，将看不到的线条设置为虚线，目前绘制出来的图形是散件，为了让所有的线条都组合在一起，便于移动，用框选的方式将整个圆柱体选中，使用【Ctrl+G】快捷键将圆柱体组合，成为一个整体，最终效果如图2-47所示。

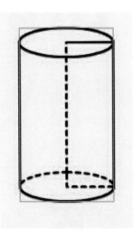

■ 图2-47　将圆柱体组合

圆锥体的绘制与圆柱体的绘制方法非常相近，可以复制一个圆柱体，将圆柱体修改为圆锥体，可提高制作效率。圆锥体和球体的绘制交给同学们自行研究，这里就不再赘述。

2.2.2　课堂学习——绘制立体文字

使用【Ctrl+B】快捷键，可以将图形或组合打散，这里，学习将文字转换为散件进行编辑，制作立体文字，如图2-48所示。

请扫一扫获取
相关微课视频

■ 图 2-48　绘制立体文字

（1）使用"文本工具"输入文字"GTA"，并在"属性"面板中，设置字体，在"属性"面板的字符栏中，选择"系列"，在下拉菜单中，选择"Franklin Gothic Heavy"字体，该字体棱角分明，比较适合制作立体文字，如图 2-49 所示。接下来使用【Ctrl+B】快捷键将文本分离，使用第一次，将文本分离成为单个文字，如图 2-50 所示，使用第二次【Ctrl+B】快捷键，将单个文字分离成为散件，如图 2-51 所示。

■ 图 2-49　输入文字　　　　■ 图 2-50　第一次分离　　　　■ 图 2-51　第二次分离

（2）使用"选择工具"，将文字的位置调整，把文字间的间距拉开，便于制作立体文字，并使用工具箱中的"任意变形工具"，将图形放大，如图 2-52。

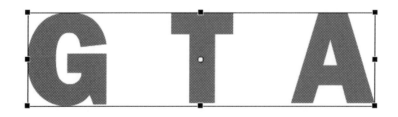

■ 图 2-52　调整图形大小和间距

（3）为每个字母描边，首先调整"笔触颜色"为黑色，再使用工具箱中的"墨水瓶工具"，如图 2-53 所示，在每个字母上单击，即可为字母描边，描边后的效果如图 2-54 所示。这里需要注意的是，墨水瓶负责给轮廓上色，颜料桶则负责给填充区域上色，这是墨水瓶和颜料桶的区别，请大家区分好两者的关系。

■ 图 2-53　使用墨水瓶工具描边　　　　　　　　　　　　　■ 图 2-54　描边后的效果

（4）描边完成后，要将填充色删除。使用"选择工具"，单击填充色部分，按【Delete】键，即可删除填充色，如图 2-55 所示。

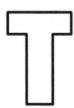

■ 图 2-55　删除填充色

（5）制作立体投影部分，以字母 G 为例，将字母 G 的线条部分选中，执行"复制"→"粘贴"操作，得出另一个字母 G，将第二个字母 G 放置在第一个字母 G 的右后方，如图 2-56 所示。接下来，用"线条工具"将两个字母间的空隙连接起来，如图 2-57 所示。最后，用"选择工具"选中多余的线条，按【Delete】键删除，最终效果如图 2-58 所示。使用同样的方法制作 T 和 A 的立体投影部分，三个字母的立体效果如图 2-59 所示。

■ 图 2-56　复制字母　　　　　　　■ 图 2-57　连接空隙部分　　　　　　　■ 图 2-58　删除多余线条

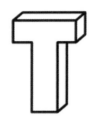

■ 图2-59　三个字母的立体投影效果

（6）使用"颜料桶工具"给字母的高光面填充颜色，使用嫩绿色填充，如图2-60所示。再使用墨绿色给字母的暗面部分进行填充，最终效果如图2-61所示。

■ 图2-60　为字母高光面填充颜色

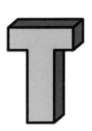

■ 图2-61　为字母暗面填充颜色

大家掌握了绘制方法后，可以进行扩展，尝试一下使用别的英文字母，或者中文文字来制作立体文字。

2.2.3　任务实施——绘制时钟

通过以上实例的学习，相信同学们已经对Animate CC的基本图形绘制有了一些了解，接下来，请用已经掌握的绘制方法，来绘制图2-62所示的时钟图形。

请扫一扫获取
相关微课视频

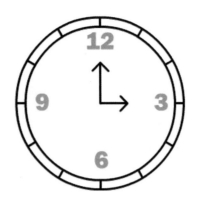

■ 图 2-62　绘制时钟

　　首先，我们来分析时钟图形的图案构成，外轮廓为圆，刻度由线条工具绘制，分针和时针由笔触不同的线条绘制，数字由"文本工具"创建。我们知道，一个时钟有 12 个刻度，一共 360°，两个刻度之间为 30°，如何绘制精准的刻度是本任务的难点。

　　（1）使用"椭圆工具"，按住【Shift】键，绘制一个圆，打开"对齐"面板，让圆相对于舞台居中对齐。并在圆左边，绘制一条比直径更长的垂直直线，如图 2-63 所示。打开"对齐"面板，让直线相对于舞台居中对齐，如图 2-64 所示。

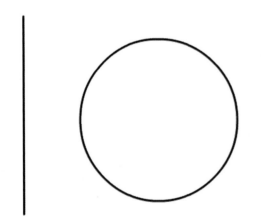

■ 图 2-63　绘制圆和直线

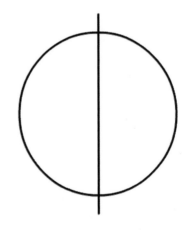

■ 图 2-64　圆和直线相对于舞台居中对齐

　　（2）选中直线，打开"变形"面板，在面板上选择"旋转"单选按钮，并将数值输入为"30"，如图 2-65 所示。然后多次单击右下角的"重制选区和变形"按钮，每单击一次，直线就以30° 的角度复制出来，最终效果如图 2-66 所示。

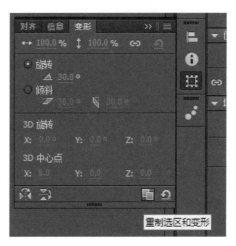

■ 图 2-65　设置"变形"面板

（3）把指针定位在圆心位置，按【Alt+Shift】快捷键，从圆心开始绘制圆，比外轮廓的圆稍小一些，如图 2-67 所示。接下来，单击多余的线条，按【Delete】键将其删除，最终效果如图 2-68 所示。

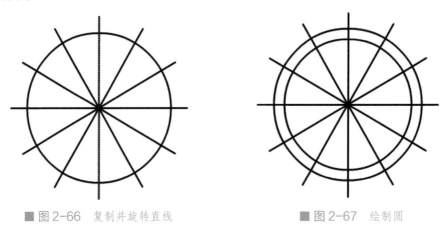

■ 图 2-66　复制并旋转直线　　　　　　　　■ 图 2-67　绘制圆

（4）最后，使用"线条工具"在表盘上绘制时针和分针，并使用"文本工具"，输入数字，如图 2-69 所示。

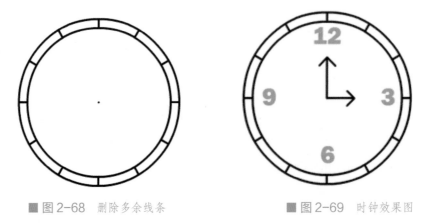

■ 图 2-68　删除多余线条　　　　　　　　■ 图 2-69　时钟效果图

本章小结

本章介绍了图层的概念，以及矢量图和位图的区别，通过几个实例的操作，让大家对 Animate CC 基本图形的绘制有了一定的了解。通过绘制坐标轴的练习，学习了水平直线、垂直直线以及 45° 直线的绘制方法。通过绘制毛笔的练习，学习如何使用"选择工具"对图形进行变形，以及渐变色的调色和填充方法。通过绘制立体文字的练习，学习如何将文字打散为图形。通过绘制时钟的练习，学习如何将对象进行角度旋转。只有将基本图形的绘制掌握了，才能更好地进行动画创作。

课后检测

一、单项选择题

1. 修改图形中心点位置应该使用（　　　）。

　　A. 任意变形工具　　　　　　　　　　　B. 钢笔工具

　　C. 渐变变形工具　　　　　　　　　　　D. 线条工具

2. 快捷键（　　　）可将对象粘贴到当前位置。

　　A. Ctrl+V　　　　　　　　　　　　　B. Ctrl+Shift+V

　　C. Ctrl+C　　　　　　　　　　　　　D. Ctrl+Shift+C

3. 在 Animate CC 中要绘制精确路径可使用（　　　）。

　　A. 铅笔工具　　　　　　　　　　　　　B. 钢笔工具

　　C. 刷子工具　　　　　　　　　　　　　D. 以上都是

4. 在 Animate CC 中选择"滴管工具"，当单击填充区域时，该工具将自动变为（　　　）。

　　A. 墨水瓶　　　　　　　　　　　　　　B. 颜料桶

　　C. 刷子　　　　　　　　　　　　　　　D. 钢笔

5. 将一个字符串填充不同颜色，可先将字符串（　　　）。

　　A. 分离　　　　　　　　　　　　　　　B. 组合

　　C. 转化为元件　　　　　　　　　　　　D. 转化为按钮

6. 要实现某个对象进行旋转 37° 的精确操作，可以使用以下面板中的（　　　）。

　　A. "属性"面板　　　　　　　　　　　　B. "动作"面板

　　C. "对齐"面板　　　　　　　　　　　　D. "变形"面板

二、填空题

1. Animate CC 的图形系统是基于_____的，只需存储少量的_____数据就可以描述一个看起来相当复杂的对象。

2. "橡皮擦工具"包含 5 种擦除状态，分别是_____、_____、_____、_____和_____。

3. 在 Animate CC 中绘制图形时，可以采用_____绘制模式和_____绘制模式。

4．Animate CC 提供了两种色彩模式，分别为＿＿＿＿＿色彩模式和＿＿＿＿＿色彩模式。

三、小组合作题

请小组讨论图 2-70 所示的彩虹雨伞由哪些图形构成，如何进行绘制。并通过合作，将雨伞图案绘制出来，要求造型相近，并填充线性渐变色。

■ 图 2-70　彩虹雨伞

第 *3* 章

基本动画制作——逐帧动画

课前学习任务单

学习主题：制作逐帧动画。

达成目标：掌握插入帧、插入关键帧和插入空白关键帧。

学习方法建议：在课前观看微课视频学习，并尝试制作一个逐帧动画。

课堂学习任务单

学习任务：制作动画倒计时动画、打字机效果动画、翻转帧写字动画。

重点难点：熟练掌握添加帧的操作，以及"绘图纸外观"工具、"编辑多个帧"工具的使用。

学习测试：制作飞翔的大雁逐帧动画。

3.1 帧和图层的基本概念

1. 帧的基本概念

帧是 Animate CC 动画的基本编辑单位，动画实际上是通过帧的变化产生。用户可以在各帧中对舞台上的对象进行修改、设置，制作各种动画效果。在 Animate CC 中，可以通过时间轴面板来进行动画的控制。时间轴面板是 Animate CC 用于管理不同动画元素、不同动画和动画元素叠放次序的工具。

Animate CC 中最小的时间单位是帧。根据帧的作用区分，可以将帧分为关键帧、空白关键帧、补间帧（包括动画补间、形状补间和传统动画补间）和静态帧，如图 3-1 所示。关键帧是一个非常重要的概念，只有在关键帧中，才可以加入 ActionScrip 脚本命令、调整动画元素的属性，而普通帧和过渡帧则不可以。普通帧只能将关键帧的状态进行延续，一般是用来将元素保持在场景中。而补间帧是由前后的两个关键帧进行计算得到，它所包含的元素属性的变化是计算得来的。更深入地理解亲手制作才能够体会得到。

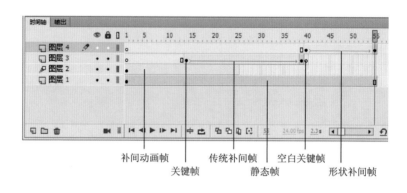

■ 图 3-1　帧 的 类 型

2．图层的基本概念

图层是所有图形图像软件必须具备的内容，是我们用来合成和控制元素叠放次序的工具。图层根据使用功能的不同分为3种基本类型：

（1）普通层：就是通常制作动画、安排元素所使用的图层，和Photoshop中的层是类似的概念和功能。

（2）遮罩层：只用遮罩层的可显示区域来显示被遮罩层的内容，与Photoshop中的遮罩类似。

（3）运动引导层：运动引导层包含的是一条路径，运动引导线所引导的层的运动过渡动画将会按照这条路径进行运动。

3.2　逐帧动画

逐帧动画这是一种常见的动画形式，它的原理是在"连续的关键帧"中分解动画动作，也就是每一帧中的内容不同，连续播放而成动画。

由于逐帧动画的帧序列内容不一样，不仅增加制作负担，而且最终输出的文件量也很大，但它的优势也很明显：因为它与电影播放模式相似，很适合于表演很细腻的动画，如3D效果、人物或动物急剧转身等效果。

1．逐帧动画的概念和在时间帧上的表现形式

在时间帧上逐帧绘制帧内容称为逐帧动画，由于是一帧一帧地画，所以逐帧动画具有非常大的灵活性，几乎可以表现任何想表现的内容。

逐帧动画在时间帧上表现为连续出现的关键帧，如图3-2所示。

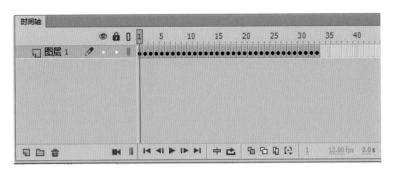

■ 图 3-2　逐帧动画

2. 创建逐帧动画的方法

（1）用导入的静态图片建立逐帧动画。用 jpg、png 等格式的静态图片连续导入到 Animate CC 中，就会建立一段逐帧动画（参考实例：盛开的玫瑰）。

（2）绘制矢量逐帧动画。用鼠标或压感笔在场景中一帧帧地画出帧内容（参考实例：飞翔的大雁）。

（3）文字逐帧动画。用文字作帧中的元件，实现文字跳跃、旋转等特效。

（4）指令逐帧动画。在时间帧面板上，逐帧写入动作脚本语句来完成元件的变化。

（5）导入序列图像。可以导入 gif 序列图像、swf 动画文件或者利用第三方软件（如 swish、swift 3D 等）产生的动画序列。

3.2.1　课前学习——制作盛开的玫瑰动画

逐帧动画适合演绎细腻的动画，可以用于制作慢慢盛开的玫瑰动画。

（1）新建动画文档，选择"文件"菜单中"新建"命令，弹出"新建文档"对话框，如图 3-3 所示，以默认对话框参数新建一个动画文档。

请扫一扫获取
相关微课视频

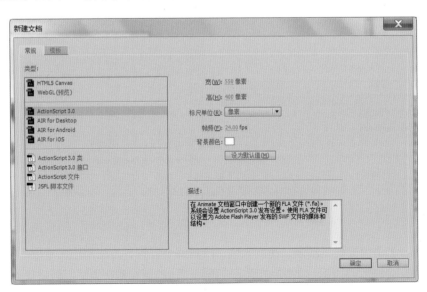

■ 图 3-3　"新建文档"对话框

（2）在时间轴上单击第1帧，将素材导入舞台，方法是选择"文件"菜单中"导入"选项下的"导入到舞台"，此时出现图3-4所示的对话框，单击"是"按钮，此时将素材依次导入到舞台了。

■ 图 3-4　插入空白关键帧

（3）玫瑰花素材默认导入到了舞台的中心位置，若要将刚导入的素材统一移动舞台的另一位置，其方法是：单击"编辑多个帧"按钮，再按【Ctrl+A】快捷键，在选区上按住鼠标左键移动舞台的另一位置，若要复位到中心位置，再用"对齐工具"将所有的素材图像水平居中对齐与垂直居中对齐，对齐工具与调整效果如图3-5所示。

■ 图 3-5　编辑多个帧与对齐

（4）按【Ctrl+Enter】快捷键测试动画，速度太快，接着调小帧频，方法是选择菜单"修改"下的"文档"命令，调小帧频为3 fps，如图3-6所示。再测试，即可看到在原地缓缓盛开的玫瑰花序列效果，如图3-7所示。

■ 图 3-6　修改帧频

■ 图 3-7　玫瑰花盛开序列效果

3.2.2　课堂学习——制作倒计时动画

方法一：使用"逐帧插入"的方法制作倒计时动画。

制作倒计时动画，可以使用逐帧插入的方法，一个帧插入一个数字，最后播放影片，数字按照帧序列进行逐帧播放。

（1）使用"文本工具"，在舞台上输入文字"5"，如图 3-8 所示。接下来，依次插入"空白关键帧"，如图 3-9 所示。分别输入文字"4""3""2""1"，如图 3-10 所示。

请扫一扫获取
相关微课视频

■ 图 3-8　输入文字

■ 图 3-9　插入空白关键帧

■ 图 3-10　依次输入数字

（2）将各个帧的数字对齐，可以单击"编辑多个帧"按钮，可看到之前的所有帧上的图形内容，通过移动操作，可以让新的帧上的数字与前一帧上的数字重合，如图3-11所示。

（3）通过菜单栏上的"控制"|"测试影片"命令，或者按【Ctrl+Enter】快捷键，测试影片，观看效果。

问题的提出：还有其他的制作方法吗？请大家想一想。

方法二：使用"插入关键帧"的方法制作倒计时动画。

（1）使用"文本工具"，在舞台上输入文字"5"，如图3-8所示。接下来，依次右击，选择"插入关键帧"命令，插入其余4个关键帧。

（2）这样，5个关键帧上都输入了文字"5"，并且是相互重合的。接下来，依次将关键帧上的数字修改成"4""3""2""1"。

（3）通过菜单栏上的"控制"|"测试影片"命令，或者按【Ctrl+Enter】快捷键测试影片，观看效果。

■ 图3-11 将多个帧上的图形重合

3.2.3 课堂学习——制作打字机效果

本案例通过逐帧动画技术，制作打字机逐个打字的效果。

（1）选择"文本工具"，在舞台上输入下画线"_"，并将其转换为图形元件，命名为"下画线"，如图3-12所示。

请扫一扫获取相关微课视频

■ 图3-12 输入下画线

（2）为了制作下画线的闪烁效果，在第3帧和第5帧的位置，插入关键帧，如图3-13所示。在第2帧、第4帧、第6帧的位置插入空白关键帧，如图3-14所示。

■ 图3-13 插入关键帧

■ 图3-14 插入空白关键帧

（3）在第6帧的空白关键帧位置，输入文字"欢"，打开菜单栏选择"视图"|"标尺"命令，可以让其他文字按照"欢"字所在位置底对齐。接下来依次插入关键帧，并依次输入文字

"迎""来""到""动""画""制""作""课""堂"，如图 3-15 所示，时间轴上的设置如图 3-16 所示。

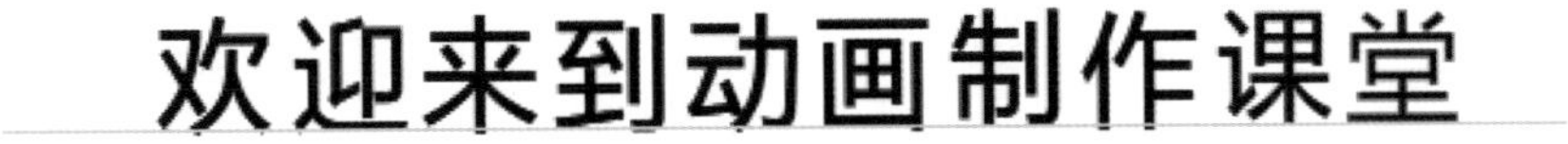

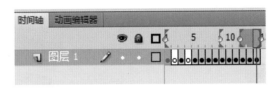

■ 图 3-15　逐帧依次输入文字

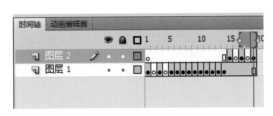

■ 图 3-16　时间轴设置

（4）制作句末下画线的闪烁效果，选择图层 1，在第 19 帧上插入帧，延长句子显示的时间。新建图层 2，在第 15 帧的位置，插入空白关键帧，将下画线图形元件拖入舞台，并放置在句末，并在第 17 帧、19 帧上插入关键帧，在第 16 帧、18 帧上插入空白关键帧，如图 3-17 所示。这样，下画线闪烁的效果就制作完成了，如图 3-18 所示。

■ 图 3-17　时间轴设置

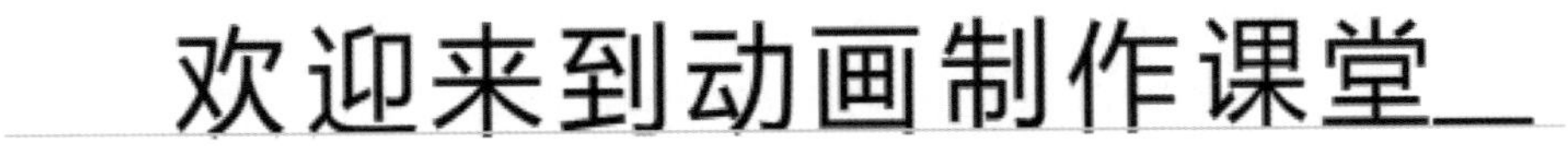

欢迎来到动画制作课堂__

■ 图 3-18　最终效果

（5）将文档保存，并通过菜单栏上的"控制"|"测试影片"命令，或者按【Ctrl+Enter】快捷键测试影片，观看效果。

3.2.4　课堂学习——制作写字效果

制作一笔一画写字的效果，可以通过逐帧制作笔画来完成。

（1）在舞台中央输入文字"吉"，设置字符颜色为红色，字符大小为 96 点，如图 3-19 所示。

请扫一扫获取
相关微课视频

■ 图 3-19　输入文字

（2）使用【Ctrl+B】快捷键将文字分离，如图 3-20 所示。

（3）在第 2 帧插入关键帧，并使用工具栏当中的"橡皮擦工具"，擦除"吉"字的最后一个笔画，如图 3-21 所示。

■ 图 3-20　将文字分离

■ 图 3-21　擦除笔画

（4）在第 3 帧插入关键帧，擦除"吉"字的倒数第二个笔画，依次在第 4、5、6、7 帧上插入关键帧，并依次擦除"吉"字的笔画，如图 3-22 所示。

■ 图 3-22　逐帧擦除吉字

（5）这时播放动画发现"吉"字的笔画是倒着的，需要将其翻转回来。将 7 个帧全部选中，选中的方式有两种：一种是按住【Shift】键，先单击时间轴上第 1 帧，再单击第 7 帧，即可连续选中 7 个帧；另外一种方法是直接从第 1 帧开始往最后一帧框选，如图 3-23 所示。选中了所有帧之后，在帧上右击，选择"翻转帧"命令，即可让文字按照正确笔画运行。

■ 图 3-23　选中所有帧

（6）这时播放动画，发现文字的笔画书写速度非常快，为了让文字能慢慢地一笔一画书写，在每个关键帧之后，插入 2 个普通帧，最终时间轴上的设置如图 3-24 所示。将文档保存，并通过菜单栏上的"控制"|"测试影片"命令，或者按【Ctrl+Enter】快捷键测试影片，观看效果。

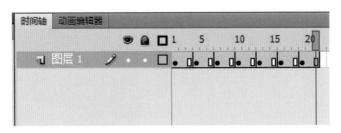

■ 图 3-24　插入普通帧

3.2.5　任务实施——制作飞翔的大雁

请观看教学视频和教程，自行制作飞翔的大雁逐帧动画。

（1）新建一个文档，使用渐变色填充天空。在"颜色"面板上，类型选择"线性"，设置"深蓝—浅蓝"的线性渐变色，如图 3-25 所示，使用"矩形工具"绘制一个与舞台同样大小的矩形。

请扫一扫获取
相关微课视频

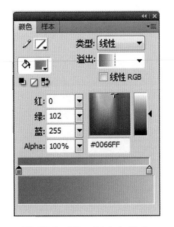

■ 图 3-25　渐变色填充

（2）使用工具栏上的"渐变变形工具"调整渐变色的方向，通过旋转角点改变渐变色填充方向。如图 3-26 所示，调整后的效果如图 3-27 所示。

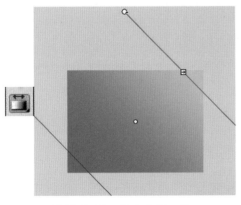

■ 图 3-26　渐变变形工具

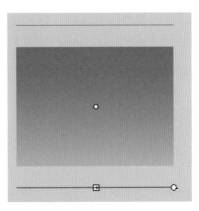

■ 图 3-27　绘制天空

（3）将第一个图层命名为"天空"，并在时间轴上第5帧插入帧，新建一个图层，命名为"大雁"，在第1帧的位置，插入空白关键帧，如图3-28所示，并绘制图3-29所示的大雁图形。

■ 图3-28　图层和时间轴设置　　　　　　　　　　■ 图3-29　绘制大雁图形

（4）在"大雁"图层第2帧，插入关键帧，并使用工具栏上的"选择工具"调整翅膀部分的形状，接下来，依次在第3、4、5、6帧插入关键帧，并将每个帧上的大雁翅膀形状做调整，制作出大雁翅膀上下扇动的效果，如图3-30所示。

第1帧　　　　　　　　　第2帧　　　　　　　　　第3帧

第4帧　　　　　　　　　第5帧　　　　　　　　　第6帧

■ 图3-30　逐帧调整翅膀形状

（5）测试影片观看效果，发现大雁的翅膀扇动速度太快，为了调整速度，在时间轴上的每个关键帧后插入一个普通帧，延长每个动作停留的时间，如图3-31所示。

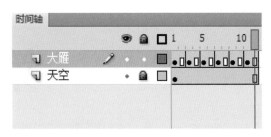

■ 图 3-31　时间轴设置

本 章 小 结

本章着重介绍逐帧动画（Frame By Frame），这是一种常见的动画形式，它的原理是在"连续的关键帧"中分解动画动作，也就是每一帧中的内容不同，连续播放而形成动画。由于是一帧一帧地画，所以逐帧动画具有非常大的灵活性，几乎可以表现任何想表现的内容。

逐帧动画在时间帧上表现为连续出现的关键帧，本章介绍了几个逐帧动画的实例，读者通过学习，可以掌握创建逐帧动画的几种方法。

常见的动画形式有五种：逐帧动画、形状补间动画、传统补间动画、遮罩动画、引导层动画，逐帧动画是其中的一种，也是其中的基础内容，只有将逐帧动画掌握，才能更好地学习其他几种动画形式。

课 后 检 测

1. 常见的动画形式分为哪几类？
2. 简述逐帧动画的基本原理。
3. 简单介绍图层的概念，在什么情况下使用图层？
4. 什么是帧？如何对帧进行基本操作？

第4章

基本动画制作——形状补间动画

形状补间动画是 Animate CC 中非常重要的表现手法之一，运用它可以变幻出各种奇妙的、不可思议的变形效果。

本章首先介绍形状补间动画基本概念，帮助读者认识形状补间动画在时间帧上的表现，了解补间动画的创建方法，学会应用"形状提示"让图形的形变自然流畅，最后，提供了几个实例，帮助读者更深刻地理解形状补间动画。

4.1 形状补间动画的概念

4.1.1 补间动画的概念

补间动画，是指计算机根据前后两个关键帧的内容自动设计出的插补帧序列。在 Animate CC 之前的版本中，补间动画分为两种：一种是针对形状变化的形状补间；另一种是针对元件及图形的补间动画。而在 Animate CC 中，补间动画分为三种：基于对象的补间动画、形状补间动画及传统补间动画。

4.1.2 形状补间动画的概念

在Animate CC的时间帧面板上，在一个时间点（关键帧）绘制一个形状，然后在另一个时间点（关键帧）更改该形状或绘制另一个形状，Animate CC根据二者之间的帧的值或形状来创建的动画被称为形状补间动画。

（1）构成形状补间动画的元素。

形状补间动画可以实现两个图形之间颜色、形状、大小、位置的相互变化，其变形的灵活性介于逐帧动画和动作补间动画之间，使用的元素多为用鼠标或压感笔绘制出的形状，如果使用图形元件、按钮、文字，则必先"打散"再变形。

（2）形状补间动画在时间帧面板上的表现。

形状补间动画建好后，时间帧面板的背景色变为淡绿色，在起始帧和结束帧之间有一个长长的箭头，如图4-1所示。

（3）创建形状补间动画的方法。

在时间轴面板上动画开始播放的地方创建或选择一个关键帧并设置要开始变形的形状，一般一帧中以一个对象为好，在动画结束处创建或选择一个关键帧并设置要变形后的形状，再单击开始帧，在"属性"面板上单击"补间"旁边的小三角，在弹出的菜单中选择"形状"命令，此时，时间轴上的变化如图4-1所示，一个形状补间动画就创建完成。

（4）认识形状补间动画的属性面板。

Animate CC的"属性"面板随鼠标选定的对象不同而发生相应的变化。当建立了一个形状补间动画后，单击时间帧，"属性"面板如图4-2所示。

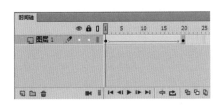

■ 图4-1 形状补间动画在时间帧面板上的标记 ■ 图4-2 形状补间动画"属性"面板

形状补间动画的"属性"面板上只有两个参数：

① "缓动"选项。在"0"边有个滑动拉杆按钮，单击后上下拉动滑杆或填入具体的数值，形状补间动画会随之发生相应的变化。在1～100的负值之间，动画运动的速度从慢到快，朝运动结束的方向加速度补间。在1～100的正值之间，动画运动的速度从快到慢，朝运动结束的方向减慢补间。默认情况下，补间帧之间的变化速率是不变的。

② "混合"选项。"混合"选项中有两项供选择。"角形"选项：创建的动画中间形状会保留有明显的角和直线，适合于具有锐化转角和直线的混合形状；"分布式"选项：创建的动画中间形

状比较平滑和不规则。

4.2 形状补间动画的制作

4.2.1 课前学习——旋转的五角星

通过创建补间形状，制作一个从圆形变化为五角星的形状补间动画。

（1）新建一个Animate CC文档，使用"椭圆工具"，并按住【Shift】键，在舞台中央绘制一个圆形，如图4-3所示。

请扫一扫获取
相关微课视频

（2）在时间轴上第30帧的位置，插入"空白关键帧"，选择"多角星形工具"，并在"属性"面板中，单击"选项"按钮，打开"工具设置"对话框，将样式选择为"星形"，如图4-4所示，绘制一个图4-5所示的红色五角星。

■图4-3 绘制圆形　　■图4-4 多角星形工具选项设置　　■图4-5 绘制红色五角星

（3）在两个关键帧之间右击，在弹出的快捷菜单中选择"创建补间形状"命令，形状补间动画就创建成功了，时间轴上的设置如图4-6所示。

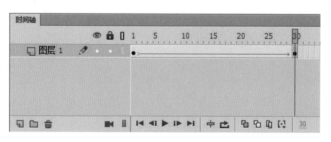

■图4-6 时间轴设置

（4）为了让五角星旋转的效果更加明显，需要添加形状提示。打开菜单栏选择"修改"|"形状"|"添加形状提示"，如图4-7所示，出现一个形状提示"a"，将其放置在圆形的左上角位置，接下来继续执行"修改"|"形状"|"添加形状提示"命令，添加形状提示"b"，将其放置在圆形的顶部，依次添加形状提示"c""d""e"，并放置在圆形边界上的不同位置，如图4-8所示。

■ 图 4-7　添加形状提示

■ 图 4-8　为圆形添加形状提示

（5）定位在第30帧的位置，为红色五角星添加形状提示，将5个形状提示按照顺时针的位置，移动一些位移，这样旋转的效果更加明显，如图4-9所示。最后，按【Ctrl+Enter】快捷键测试影片，圆形转换为五角星形的动画效果如图4-10所示。

■ 图 4-9　为红色五角星添加形状提示

■ 图 4-10　形状补间动画效果

4.2.2　课堂学习——文字变形

请扫一扫获取
相关微课视频

思考：通过课前学习，思考一个问题，创建形状补间动画的前提是什么？

回答：创建形状补间动画的前提是图形必须是分离的。

课堂学习：通过创建补间形状，制作一个从圆形变化为五角星的形状补间动画。

（1）新建一个Animate CC文档，在舞台中央，使用工具栏中的"文本工具"，输入大写字母"HAPPY"，在字体样式中，选择系列为"Bauhaus 93"，大小为"84点"，颜色为"红色"，如图4-11所示。接下来，按两次【Ctrl+B】快捷键，将文字分离为散件，如图4-12所示。

■ 图4-11　输入文字 HAPPY　　　　　　■ 图4-12　分离文字

（2）在第30帧的位置，插入"空白关键帧"，在舞台中央，使用工具栏中的"文本工具"，输入大写字母"BIRTHDAY"，在字体样式中，选择系列为"Broadway"，大小为"74点"，颜色为"蓝色"，如图4-13所示。接下来，按两次【Ctrl+B】快捷键，将文字分离为散件，如图4-14所示。

■ 图4-13　输入文字 BIRTHDAY

■ 图4-14　分离文字

（3）在两个关键帧之间右击，在弹出的快捷菜单中选择"创建补间形状"命令，形状补间动画就创建成功，为了让"BIRTHDAY"图形停留的时间长一些，在第45帧的位置，插入普通帧。时间轴上的设置如图4-15所示。

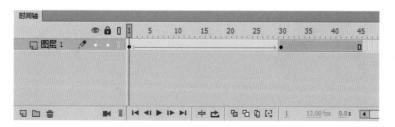

■ 图4-15　创建补间形状

（4）按【Ctrl+Enter】快捷键测试影片，文字之间互相转换的动画效果如图4-16所示。

■ 图4-16　形状补间动画效果

4.2.3　课堂学习——图案与文字间的变形

通过创建补间形状，制作一个从文字变化为笑脸的形状补间动画，如图4-17所示。

请扫一扫获取
相关微课视频

■ 图4-17　字母转换为笑脸

（1）新建一个Animate文档，将第一图层命名为"smile"，在舞台中央，使用工具栏中的"文本工具"，输入字母"smile"，在字体样式中，选择系列为"Broadway"，大小为"74点"，颜色为"橘红色"，如图4-11所示。接下来，按两次【Ctrl+B】快捷键，将文字分离为散件，如图4-18所示，在第45帧插入普通帧，让"smile"停留45帧。

（2）新建一个图层，命名为"e"，将"smile"图层上的"e"单独选中并复制，在"e"图层，按【Ctrl+Shift+v】快捷键，在原来的位置复制"e"图形，时间轴上的图层设置如图4-19所示。

■ 图4-18　分离文字　　　　　　　　　　■ 图4-19　图层的设置

（3）在第30帧的位置，插入"空白关键帧"，绘制笑脸图案，首先绘制一个黄色圆，按【Ctrl+G】快捷键，绘制一个黑色的椭圆，作为眼睛，按【Ctrl+G】快捷键组合，再复制一个黑色椭圆，作为另一只眼睛。使用直线工具绘制嘴巴，用"选择工具"调整直线变为曲线，并将嘴巴图形组合。最后，将各个组合件进行移动，拼凑成笑脸的图案，如图4-20所示。使用"选择工具"框选所有的笑脸图形元素，按【Ctrl+B】快捷键，将笑脸图案分离为散件，如图4-21所示。

■ 图4-20　笑脸图案

■ 图4-21　分离笑脸图案

（4）在两个关键帧之间右击，在弹出的快捷菜单中选择"创建补间形状"命令，形状补间动画就创建成功，为了让笑脸图形停留的时间长一些，在第45帧的位置，插入普通帧。时间轴上的设置如图4-22所示。

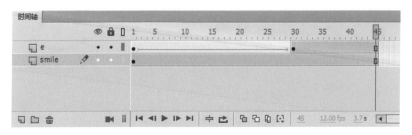

■ 图4-22　时间轴的设置

4.2.4　课堂学习——摇曳的蜡烛火焰

运用创建补间形状，制作蛋糕上的蜡烛火焰摇曳的动画效果，如图4-23所示。

请扫一扫获取
相关微课视频

■ 图4-23　摇曳的蜡烛火焰

（1）绘制图4-24所示的蛋糕图形，其中，蛋糕形状使用"矩形工具"绘制，并调节矩形圆角为3像素。奶油部分使用"画笔工具"，用白色涂抹绘制完成。花纹部分使用"铅笔工具"勾勒出花纹线条。最后，按【Ctrl+G】快捷键，将蛋糕图形进行组合。

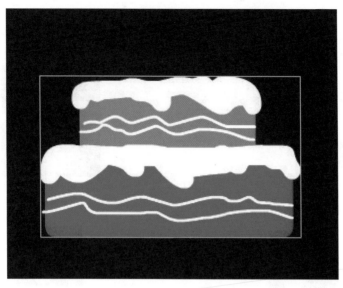

■ 图4-24　绘制蛋糕图形

（2）打开菜单栏，选择"插入"|"新建元件"|"影片剪辑"命令，命名为"蜡烛"。在影片剪辑中的舞台中央，绘制红色的蜡烛，在绘制之前，打开颜色面板，选择"线性"类型，设置颜色为"红—白—红"，模拟蜡烛的立体光照效果，如图4-25所示。设置好颜色之后，使用"矩形工具"绘制蜡烛，按【Ctrl+G】快捷键将蜡烛图形进行组合，如图4-26所示。

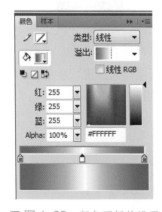

■ 图4-25　颜色面板的设置

■ 图4-26　绘制蜡烛

（3）在"蜡烛"图层上，新建一个图层，命名为"火焰"，打开"颜色"面板，选择"线性"类型，设置颜色为"红—黄—白"，模拟火焰的渐变效果，如图4-27所示。设置好颜色之后，使用"椭圆工具"绘制火焰，并使用"选择工具"调整火焰的形状，如图4-28所示。这时，线性渐变色的方向需要调整，选择工具栏上的"渐变变形工具"，旋转角点，调整线性渐变色的方向直至合适为止，如图4-29所示。

（4）在第30帧的位置，插入关键帧，并使用选择工具，调整火焰的形状，调整为与图4-29相反的方向，如图4-30所示。

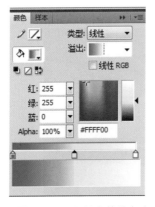

■ 图4-27　设置火焰的颜色　　　　　　　　■ 图4-28　绘制火焰并调整渐变色的方向

■ 图4-29　完成火焰的绘制　　　　　　　　■ 图4-30　调整火焰形状

在两个关键帧之间右击，在弹出的快捷菜单中选择"创建补间形状"命令，形状补间动画创建成功，按【Enter】键，观看火焰摇曳的效果。时间轴上的设置如图4-31所示，"蜡烛"影片剪辑制作完成。

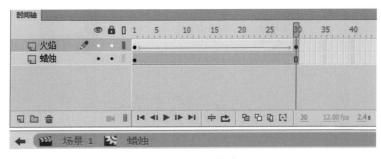

■ 图4-31　时间轴的设置

（5）回到场景1，打开"库"面板，将"蜡烛"影片剪辑拖动到舞台中，如图4=32所示，并摆放在蛋糕上。接着重复复制粘贴"蜡烛"影片剪辑，并将它们整齐地排列在蛋糕上，如图4-33所示。

■ 图4-32　从"库"面板拖出"蜡烛"影片剪辑　　　■ 图4-33　复制"蜡烛"影片剪辑

4.2.5　课堂教学——并集动画

创建一个用两个椭圆的运动来表示的并集动画，为了防止形状补间扭曲，要使用"添加形状提示"工具，通过本实例，可以巩固"添加形状提示"工具的操作技巧。

请扫一扫获取
相关微课视频

（1）新建一个Animate CC文档，把图层1命名为"左边"，新建一个图层，命名为"右边"，在"左边"图层，绘制一个空心椭圆在舞台左边，在"右边"图层，绘制一个稍微大一些的空心椭圆在舞台右边，如图4-34所示，时间轴上的图层设置如图4-35所示。

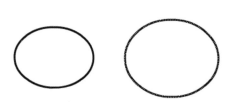

■ 图4-34　绘制两个椭圆　　　　　　　■ 图4-35　图层的设置

在第20帧的位置，将"左边"和"右边"图层的椭圆都往舞台中央移动，并相交在一起，如图4-36所示。

（2）在第21帧的位置，分别在两个图层上"插入关键帧"，使用"橡皮擦工具"，在每个椭圆上擦出一个小缺口，如图4-37所示。

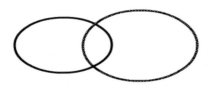
■ 图4-36　移动两个椭圆

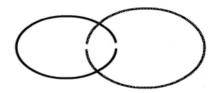
■ 图4-37　擦除出缺口

为了防止形状补间产生扭曲变形，需要添加形状提示，在菜单栏选择"修改"|"形状"|"添加形状提示"命令，出现一个形状提示"a"，将其放置在椭圆的缺口端点位置，接下来继续执行"修改"|"形状"|"添加形状提示"命令，添加形状提示"b"，将其放置在椭圆的另一个端点位置，如图4-38所示。右边图层上的椭圆图形也用相同的方法添加形状提示。

（3）在第45帧的位置，插入关键帧，把椭圆的形状调整为图4-29所示的形状，并把相对应的形状提示也放置在端点位置。在两个关键帧之间右击，在弹出的快捷菜单中选择"创建补间形状"命令，形状补间动画创建成功，按【Enter】键，观看由图4-38过渡到图4-39的变形效果。

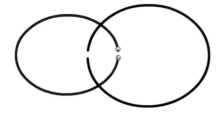
■ 图4-38　添加形状提示

■ 图4-39　调整椭圆形状

（4）在第46帧上的位置，在两个图层上都插入关键帧，在菜单栏选择"修改"|"形状"|"添加形状提示"命令，出现一个形状提示"a"，将其放置在椭圆的缺口端点位置，接下来继续执行"修改"|"形状"|"添加形状提示"命令，添加形状提示"b"，将其放置在椭圆的另一个端点位置，如图4-40所示。右边图层上的椭圆图形也用相同的方法添加形状提示。

在第70帧上的位置，插入关键帧，调整两个椭圆的形状，如图4-41所示，并把相对应的形状提示也放置在端点位置。在两个关键帧之间，在弹出的快捷菜单中选择"创建补间形状"命令，形状补间动画创建成功，按【Enter】键，观看由图4-40过渡到图4-41的变形效果。

■ 图4-40　添加形状提示

■ 图4-41　椭圆变形

（5）时间轴上的设置如图4-42所示，制作完成后，按【Ctrl+Enter】快捷键测试影片，并保存发布。

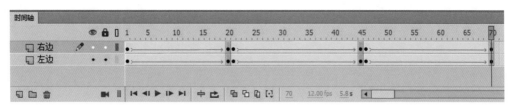

■ 图4-42　时间轴上的设置

本 章 小 结

本章从基本动画——形状补间动画的基本概念入手，介绍了形状补间动画在时间帧上的表现，帮助读者了解形状补间动画的创建方法，学会应用"形状提示"让图形的形变自然流畅，最后，提供了几个实例：图形的变形、文字的变形、图形与文字间的变形、将形状补间动画应用于影片剪辑、添加形状提示的形状补间动画，让读者能全方位的学习形状补间动画的制作。在制作形状补间动画的过程中，要记住重要的一点，那就是创建的图形和文字必须分离为散件，这样才能制作出正确的形状补间动画。

课 后 检 测

操作题：请制作一个由图4-43变形为图4-44，再由图4-44变形为图4-45的形状补间动画，并添加相应的形状提示进行辅助。若需参考操作视频，可以扫一扫二维码，登录到微课网站进行观看。

请扫一扫获取
相关微课视频

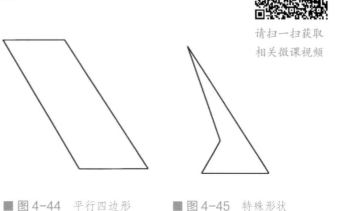

■ 图4-43　矩形　　　　■ 图4-44　平行四边形　　　　■ 图4-45　特殊形状

第 *5* 章

运动补间动画制作——
传统补间动画和补间动画

◎ 课前学习任务单

学习主题：运动补间动画和形状补间动画的区别。

达成目标：掌握插入帧、插入关键帧和插入空白关键帧。

学习方法建议：在课前观看微课视频学习，并尝试制作一个逐帧动画。

◎ 课堂学习任务单

学习任务：制作弹跳的小球、旋转的星星、跳动的心、白云飘飘，水滴涟漪动画、小熊滑冰。

重点难点：熟练掌握创建传统补间动画和补间动画的操作，并学习"属性"面板上缓动、旋转的设置，循环动画的制作技巧。

学习测试：制作"运动的小球与影子"的动画。

5.1 运动补间动画的概念

运动补间动画分为传统补间动画与补间动画。

传统补间动画与形状补间动画不同，形状补间动画只能作用于矢量图形，而传统补间动画只能作用于图形对象或文本对象。并且，传统补间动画只能实现对象的非形状变化。

传统补间动画是在两个关键帧之间建立动画补间，因此在建立补间之前必须有两个关键帧，Animate CC 根据两个关键帧中对象的大小、位置、颜色、滤镜等属性值来创建补间动画。

补间动画则是在制作了动画后，再控制作结束帧上的元件属性，可以设置位置、大小、颜色、透明度等元件的属性，而且制作完成后还可以调整动画的轨迹。

在 Animate CC 中，补间形状（变形）动画只能针对矢量图形进行，也就是说，进行变形动画的首、尾关键帧上的图形应该都是矢量图形。

矢量图形的特征是：在图形对象被选中时，对象上面会出现白色均匀的小点。利用工具箱中的直线、椭圆、矩形、刷子、铅笔等工具绘制的图形，都是矢量图形。

在 Animate CC 中，传统补间只能针对非矢量图形进行，也就是说，运动动画的首、尾关键帧上的图形都不能是矢量图形，它们可以是组合图形、文字对象、元件的实例、被转换为元件的外界导入图片等。转为元件能修改的属性参数比较多，因此在表中对象统一为元件。

非矢量图形的特征是：在图形对象被选中时，对象四周会出现蓝色或灰色的外框。利用工具箱中的文字工具建立的文字对象就不是矢量图形，将矢量图形组合起来后，可得到组合图形，将库中的元件拖动到舞台上，可得到该元件的实例。

补间形状动画、传统补间动画和补间动画的主要区别如表 5-1 所示。

表 5-1　补间形状、传统补间和补间动画的区别

区别	补间形状（形状补间动画）	传统补间（传统补间动画）	补间（补间动画）
在时间轴上的表现	淡绿色背景，有实心箭头	淡紫色背景，有实心箭头	淡蓝色背景，没有箭线
组成	矢量图形（如果使用图形元件、按钮、文字，则必先打散，即转化为矢量图形）再变形	元件（可为影片剪辑、图形元件、按钮等）或先转化为元件 注：非矢量图形（组合图形、文字对象、元件的实例、被转换为"元件"的外界导入图片等）皆可，但元件能修改的属性参数比较多，因此建议统一为元件	元件（可为影片剪辑、图形元件、按钮等）或先转化为元件
效果	矢量图形由一种形状逐渐变为另一种形状的动画。实现两个矢量图形之间的变化，或一个矢量图形的大小、位置、颜色等的变化	元件由一个位置到另一个位置的变化。实现同一个元件的大小、位置、颜色、透明度、旋转等属性的变化	元件由一个位置到另一个位置的变化。实现同一个元件的大小、位置、颜色、透明度、旋转等属性的变化
关键	➤ 插入空白关键帧 ➤ 首尾可为不同对象，可分别打散为矢量图	➤ 插入关键帧 ➤ 首尾为同一对象。先将首转为元件再建尾关键帧	➤ 插入关键帧后，延长帧 ➤ 创建补间动画后，在帧上按顺序对对象操作，即自动生成补间帧
特性	可以让不同的矢量图形相互变形	可以利用运动引导层来实现传统补间动画图层（被引导层）中对象按指定轨迹运动的动画	创建补间帧后，自动生成路径，可以调整动画长度，当再次调整元件属性时，动画自动生成，还可以通过调整动画轨迹丰富动画效果

5.2　传统补间动画制作

5.2.1　课前学习——弹跳的小球

（1）使用"椭圆工具"，绘制一个图 5-1 所示的正圆形的小球，打开"颜色"面板，设置线性渐变色为"白—蓝"，如图 5-2 所示。使用"颜料桶工

请扫一扫获取
相关微课视频

具"在小球图形上单击,白色高光部分根据颜料桶的填充位置而变化,可以多单击几次,观看效果。

■ 图 5-1　绘制小球　　　　　　　　　　■ 图 5-2　颜色面板的设置

(2)将小球图形选中,将其转换为图形元件,命名为"ball",如图5-3所示。在第30帧的位置插入关键帧,将"ball"图形元件由舞台上方移动到下方;在第60帧的位置,插入空白关键帧,将第1帧上的"ball"图形元件选中复制,在第60帧上,按住【Ctrl+Shift+V】快捷键,将小球按照第1帧上的方位,一模一样地复制出来。在关键帧之间右击,创建传统补间,如图5-4所示,按【Enter】键观看动画效果。

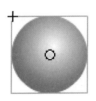

■ 图 5-3　转换为图形元件

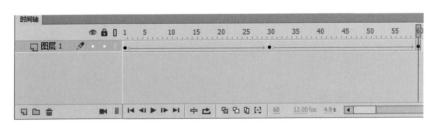

■ 图 5-4　时间轴的设置

动画中小球在作匀速的循环运动,为了体现重力加速度的作用,要制作小球加速往下落,减速往上弹的动画效果。在第1帧和第30帧之间的补间上单击,在"属性"面板上将缓动数值修改为"-100"，如图5-5所示；在第31帧和第60帧之间的补间上单击，在"属性"面板上将缓动数值修改为"100"，如图5-6所示。按【Ctrl+Enter】快捷键测试影片，这样，小球就能加速往下落，减速往上弹。最后保存文件，并发布影片。

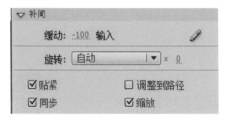

■ 图5-5　加速设置

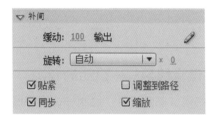

■ 图5-6　减速设置

5.2.2　课堂学习——旋转的星星

（1）新建一个Animate CC文件，将文档属性中的背景色设置为黑色。使用"多角星形工具"绘制五角星，在"工具设置"的选项中，选择类型为"星形"，边数为"5边"，为五角星填充由白至红的线性渐变色，如图5-7所示。

（2）选中五角星图形并右击，选择"转换为元件"|"图形元件"命令，命名为"star"，如图5-8所示。

请扫一扫获取
相关微课视频

■ 图5-7　绘制五角星

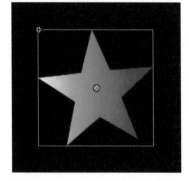

■ 图5-8　将五角星转换为图形元件

（3）在时间轴上的第30帧，插入关键帧，在两个关键帧之间创建传统补间，如图5-9所示。在右边的"属性"面板中，设置"旋转"为顺时针，2次，如图5-10所示。按【Ctrl+Enter】快捷键测试影片，星星图形元件在原地不停地顺时针旋转。最后保存文件，并发布影片。

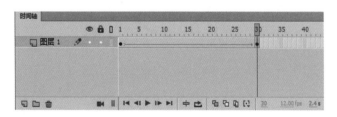

■ 图5-9　创建传统补间

■ 图 5-10　设置顺时针旋转效果

5.2.3　课堂练习——跳动的心

请扫一扫获取
相关微课视频

（1）使用"椭圆工具"绘制一个空心椭圆，并使用"任意变形工具"旋转空心椭圆，如图 5-11 所示。复制这个椭圆，并使用"任意变形工具"水平翻转，调整为图 5-12 所示的椭圆。将两个椭圆移动，直至拼接为一个心形，使用"选择工具"，将多余的线条选中，按【Delete】键，删除多余线条，最终效果如图 5-13 所示。

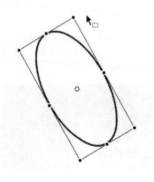

■ 图 5-11　绘制椭圆

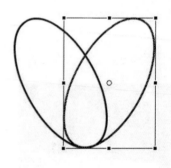

■ 图 5-12　复制椭圆并翻转

■ 图 5-13　将多余线条删除

（2）打开"颜色"面板，设置"浅粉色—深粉色"的线性渐变，如图 5-14 所示。使用"颜料桶工具"，在"心"形中绘制线条，将渐变色填充至"心"形之中，如图 5-15 所示。

■ 图 5-14　颜色面板设置

■ 图 5-15　填充渐变色

（3）将心形图形全部选中，将其转换为图形元件，命名为"heart"。将"heart"图形元件缩小，放置在舞台右上角，如图 5-16 所示。在第 30 帧的位置，插入关键帧，将"heart"图形元件等比例放大，放置在舞台左下角，并旋转一定的角度，如图 5-17 所示。在两个关键帧之间，创建传统补间，在补间中单击其中一个帧，在右边"属性"面板上，设置"旋转"为"逆时针"，如图 5-18 所示。按【Ctrl+Enter】快捷键测试影片，心形旋转着从右上角飘落到左下角，并不断放大。最后保存文件，并发布影片。

■ 图 5-16　第 1 帧上的图形元件位置

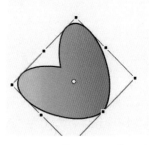

■ 图 5-17　第 30 帧上的图形元件位置

■ 图 5-18　设置旋转效果

5.2.4　课堂练习——白云飘飘

请扫一扫获取
相关微课视频

（1）新建一个Animate CC文件，将"文档"属性中的尺寸设置为800像素×400像素。将"蓝天绿地.jpg"导入到舞台中，并调整背景图的大小，以适应舞台的尺寸，如图5-19所示。

■ 图 5-19　导入背景图片

（2）使用"刷子工具"，设置大一些的笔头，绘制图5-20所示的白云图形。将所有白云图形选中，将其转换为图形元件，命名为"白云"。

■ 图 5-20　绘制白云

（3）将"白云"图形元件复制一个出来，摆放在舞台外边，紧挨着第一个"白云"图形元件，如图5-21所示。将两个图形元件全部选中，转换为图形元件，命名为"一串白云"。

■ 图 5-21　第 1 帧上的白云位置

在第80帧的位置，插入关键帧，将"一串白云"图形元件从右边移动到左边，如图5-22所示，在第1帧和第80帧之间创建传统补间，如图5-23所示。按【Ctrl+Enter】快捷键测试影片，白云在缓缓飘动，而且是无缝循环播放。最后保存文件，并发布影片。

■ 图 5-22　第 80 帧上的白云位置

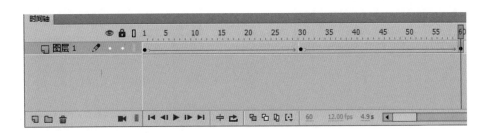

■ 图 5-23　时间轴上的设置

5.2.5　课堂练习——水滴涟漪

（1）新建一个Animate CC文件，将背景色设置为深蓝色。打开菜单栏选择"插入"|"新建元件"|"影片剪辑"命令，命名为"水滴"，在影片剪辑的舞台上，将图层1命名为"水滴"，使用"椭圆工具"绘制一个椭圆，并使用"选择工具"调整为水滴的形状，填充一种由白至蓝的线性渐变色，如图5-24所示。

请扫一扫获取
相关微课视频

71

■ 图 5-24　绘制水滴图形

将水滴图形转换为图形元件，命名为"一滴水"，在时间轴上的第15帧插入关键帧，将"一滴水"图形元件从舞台上方移动到下方，在两个关键帧之间创建传统补间。

（2）继续停留在"水滴"影片剪辑的舞台中，新建一个图层，命名为"涟漪"，在时间轴上第15帧的位置，插入空白关键帧，用"椭圆工具"绘制一个空心椭圆，如图5-25所示，将空心椭圆转换为图形元件，命名为"涟漪"，在时间轴上的第20帧插入关键帧，使用"任意变形工具"将"涟漪"图形元件等比例放大，如图5-26所示。

在"水滴"图层上的第20帧位置，插入关键帧，将"一滴水"图形元件再往下移动一些，并设置Alpha为0，让水滴最终消失不见，时间轴的设置如图5-27所示。

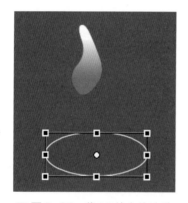

■ 图 5-25　第 15 帧上的涟漪

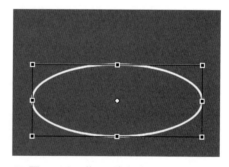

■ 图 5-26　第 20 帧上的涟漪

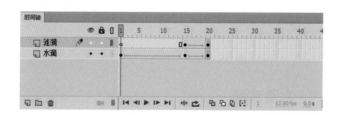

■ 图 5-27　时间轴的设置

（3）回到场景1，将"水滴"影片剪辑从库中拖入到舞台上方，调整大小，多次复制"水滴"影片剪辑，将它们错落有致地放置在舞台上方区域，如图5-28所示。

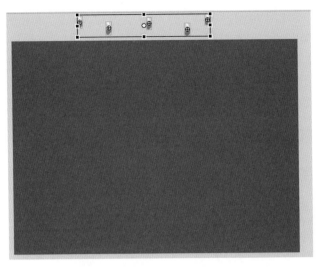

■ 图 5-28　复制"水滴"影片剪辑

按【Ctrl+Enter】快捷键测试影片，观看水滴下落变为涟漪的效果，若水滴的位置不合适，返回至 Animate CC 源文件中，调整各个影片剪辑元件的位置，再次测试，直到满意位置。动画效果如图 5-29 所示。最后保存文件，并发布为影片。

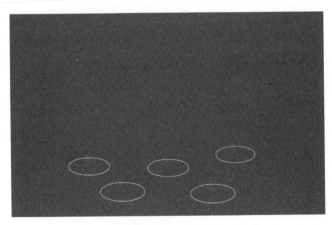

■ 图 5-29　复制"水滴"影片剪辑

5.3　补间动画制作

5.3.1　课前练习——蝴蝶飞舞

（1）新建一个动画文档，尺寸大小设置为 550 像素 × 380 像素。在菜单栏中选择"文件"|"导入"|"导入到库"命令。

（2）将背景素材拖动舞台，对应对齐工具，选择"与舞台对齐"，单击"水平中齐"与"垂直中齐"按钮，将背景与舞台对齐。对齐工具如图 5-30 所示。

请扫一扫获取
相关微课视频

（3）在图层1上，单击第90帧，右击"插入帧"，新建图层2。新建影视剪辑元件，方法是"插入"菜单下的"新建元件"，在对话框中选择"影片剪辑"选项，输入文件名为"butterfly"，单击"确定"按钮，进入元件编辑界面，单击第1帧，将蝴蝶1拖到舞台，并与舞台中心对齐，单击第12帧，右击"插入帧"。单击第13帧，右击"插入空白关键帧"，将素材蝴蝶2拖到舞台，并与舞台中心对齐，单击第24帧，右击"插入帧"。操作时间轴如图5-31所示。

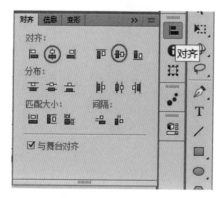

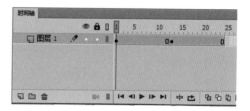

■ 图5-30　对齐工具按钮　　　　　■ 图5-31　butterfly元件时间轴

（4）单击"场景1"回到动画舞台工作界面，单击第1帧，将butterfly影片剪辑元件从库中拖动至舞台背景工作界面，在第1帧至第90帧之间任意帧右击，在弹出的快捷菜单中选择"创建补间动画"命令，图层2时间轴呈现浅蓝色，再按顺序在时间帧上，对蝴蝶元件拖动操作，这里选择是20帧与35帧拖动蝴蝶，即可生成补间动画帧，且生成路径线，需用"调整工具"调整一下蝴蝶元件的方向，如图5-32所示。

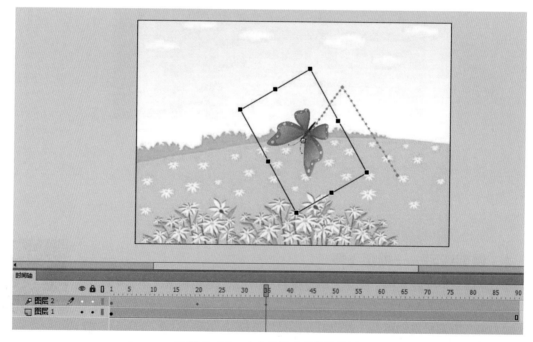

■ 图5-32　生成补间动画帧效果图

（5）按顺序在时间帧上，对蝴蝶元件拖动操作，即可生成补间动画帧，且生成路径线，需进一步调整一下蝴蝶元件的方向，并做补间与方向的精细调整，最后输出界面如图5-33所示。

（6）后期我们用"部分选取工具"单击控制点，并用"转换锚点工具"调整方向，调整路径线为平滑线，时间轴与输出如图5-34所示。

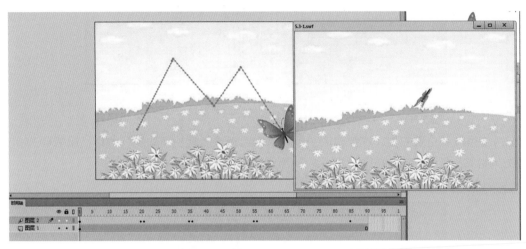

■ 图5-33　精细调整的时间轴与测试

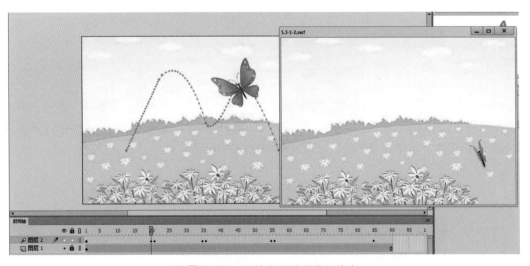

■ 图5-34　运动线平滑调整与输出

5.3.2　课堂练习——小熊滑冰

（1）执行"文件"菜单下的"新建"命令，新建一个大小为480像素×160像素，频率为18fps，"背景颜色"为白色的动画文档。将素材背景与小熊导入库中，在图层1的第1帧，将背景图从库中拖放到舞台中，并用"对齐工具"将图片与舞台对齐。在第115帧位置按【F5】键插入帧。

（2）新建"图层2"，将小熊图像从库中拖放到舞台中，按【F8】键，将图像

请扫一扫获取
相关微课视频

转换成一个名称为小熊的图形元件。将元件调整到合适位置，场景效果如图5-35所示。

■ 图 5-35　调整到合适位置

（3）在第1帧位置右击，在弹出的快捷菜单中选择"创建补间动画"命令，在第60帧单击，使用方向键将元件水平向左移动，如图5-36所示。

■ 图 5-36　水平向左移动

（4）选中第61帧的元件，执行"修改"菜单下"变形"选项下的"水平翻转"命令，再选中第60帧上的元件，执行"修改"菜单下"变形"选项下的"水平翻转"命令，选中第115帧，将第61帧的小熊元件并水平向右移动，场景效果如图5-37所示。

■ 图 5-37　水平向右移动

（5）新建图层3，将"小熊"元件从库面板中拖入到场景中，选中元件，设置其"属性"面板中"色彩效果"的"样式"为"alpha"，将alpha设置为20%，将此元件图像执行"修改"菜单下"变形"选项下的"垂直翻转"命令，场景效果如图5-38所示。

■ 图 5-38　修改元件属性的场景效果

（6）使用"图层2"的制作方法，制作出"图层3"中的动画效果。此时完成了小熊滑冰动画制作，保存动画，按【Ctrl+Enter】快捷键测试动画及效果，如图5-39示。

■ 图 5-39　测试动画效果

本 章 小 结

本章介绍了运动补间动画制作——传统补间动画和补间动画，在课前学习中，对比了传统补间、补间动画和形状补间动画，分析了三者的相同点和区别。

形状补间动画：在Animate CC中只能针对矢量图形进行，也就是说，进行变形动画的首、尾关键帧上的图形应该都是矢量图形。

传统补间动画：在Animate CC中，只能针对非矢量图形进行，也就是说，进行运动动画的首、尾关键帧上的图形都不能是矢量图形，它们可以是组合图形、文字对象、元件的实例、被转换为"元件"的外界导入图片等。

补间动画：要创建补间动画，需要将图形转化为元件和影片剪辑才可以设置补间动画，创建好元件之后，选择要创建补间的图层右击，选择"创建补间动画"命令，这时候会看到创建补间动画这层变成了淡蓝色，这时鼠标在哪一帧操作场景中的对象，时间轴自动添加关键帧，这种补间动画是从Flash CS 4开始的新功能。

通过几个实例的练习，读者了解了传统补间动画是在两个关键帧之间建立动画补间，因此在建立补间之前必须有两个关键帧，Animate CC根据两个关键帧中对象的大小、位置、颜色、滤镜等属性值来创建传动补间动画。这里必须要强调的是，在创建传统补间动画之前，关键帧上的图片或文字，必须要转换为元件，否则，库里边将会出现许多的"补间"元件，不利于库的管理。

对于补间动画，需先创建一关键帧，后延长帧，再创建补间动画，再在任意一帧上操作对象，即可形成补间动画效果。

我们可以运用传统补间动画和补动动画制作出很多生动、有趣的动画，这是Animate CC基础动画制作中的最基本的操作，希望读者加以练习，熟练掌握。

课后检测

操作题：制作一个如图5-40所示，在光滑地板上，小球弹跳，其影子也跟随运动的传统补间动画，可以扫一扫二维码观看动画效果。

请扫一扫获取
相关微课视频

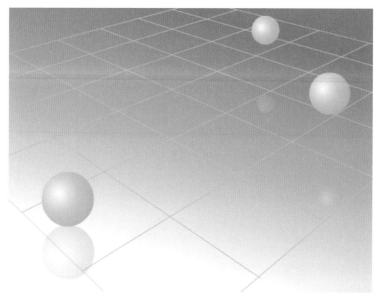

■ 图5-40　运动的小球及影子

第6章

高级动画制作——路径引导动画

课前学习任务单

学习主题：路径引导动画的概念。

达成目标：掌握路径的绘制方法，引导层的设置。

学习方法建议：在课前观看微课视频学习，并尝试制作一个路径引导动画。

课堂学习任务单

学习任务：制作"汽车行驶""投篮""旋转的小行星""花朵飘飘""飘舞的白色气泡"的路径引导动画。

重点难点：路径贴紧至对象，引导层的设置。

学习测试：制作"飘舞的白色气泡"路径引导动画。

6.1 路径引导动画的概念

引导层是Animate CC引导层动画中绘制路径的图层。引导层中的图案可以为绘制的图形或对象定位，主要用来设置对象的运动轨迹。引导层不从影片中输出，所以它不会增加文件的大小，而且它可以多次使用。

1. 静态引导层

将普通图层转换为引导层的方法如下：

（1）在"时间轴"面板中，右击某个图层，在弹出的快捷菜单中执行"引导层"命令。

（2）双击图层名称前的普通图层标记 ，在弹出的"图层属性"对话框中，"类型"设置选择"引导层"单选按钮。

普通图层转换为引导层后，引导层名称前用 🔨 标记表示。

将引导层转换为普通图层的方法如下：

（1）右击引导层，在弹出的快捷菜单中再次执行"引导层"命令，将其前面的√去掉。

（2）双击引导层名称前的 🔨 标记，在"图层属性"对话框中的"类型"设置中选择"一般"单选按钮并确认。

引导层还可以与它下方的其他图层建立链接关系，变为运动引导层，用 ⌐⌐ 标记表示。

引导层动画由运动引导层和被引导层两部分组成，运动引导层位于被引导层的上方，在运动引导层中可以绘制出对象的运动路径，使被引导层中的对象沿着引导层的路径运动。

2. 创建运动引导层的方法

创建运动引导层有两种方法，方法如下：

（1）在"时间轴"面板图层区域中右击某图层，在弹出的快捷菜单中执行"添加传统运动引导层"命令，则在当前图层上创建一个空白的运动引导层，并自动建立与该图层的引导关系。

（2）在"时间轴"面板图层区域中将某图层拖动到静态引导层右下方，建立引导层与被引导层的联系。

6.2 路径引导动画的制作

6.2.1 课前学习——汽车行驶

（1）新建一个Animate CC文件，将图层1命名为"汽车"，将"汽车.png"导入到舞台中，并使用"任意变形工具"，将汽车图片等比例缩小，转换为图形元件，命名为"汽车"。新建一个图层，命名为"引导层"，在该图层使用"铅笔工具"，绘制一条路径，如图6-1所示，在"引导层"图层上的第50帧插入帧。在"汽车"图层上的第50帧插入关键帧。

请扫一扫获取
相关微课视频

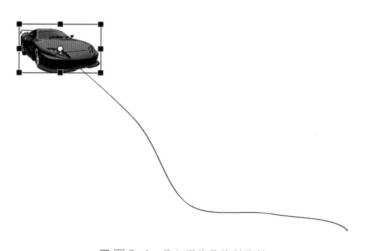

■ 图6-1　导入图片及绘制路径

（2）在"汽车"图层的第2个关键帧上，将"汽车"图形元件移动至路径末端，如图6-2所示。为了保证元件与路径贴紧，在工具栏中，选择"贴紧至对象"工具，如图6-3所示。在两个关键帧上，移动"汽车"图形元件，让其中心圆点贴紧至路径端点，在两个关键帧之间创建传统补间，让"汽车"运动起来。

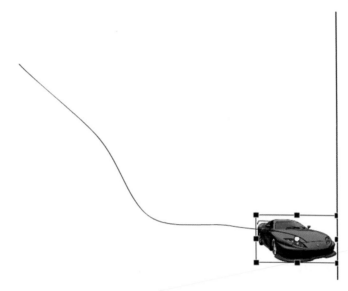

■ 图6-2　移动"汽车"图形元件

■ 图6-3　贴紧至对象

（3）在"时间轴"面板上图层区域"引导层"图层上右击，在弹出的快捷菜单中选择"引导层"命令，将图层设置为引导层。将"汽车"图层往右上角拖动，使其变为被引导层，"引导层"图层上出现 标记，说明设置引导层成功。时间轴上的设置如图6-4所示。

■ 图6-4　设置引导层

（4）按【Enter】键播放动画，我们发现汽车按照路径的指引进行行驶，但是汽车的行驶方向没有跟路径同步，我们需要在路径的中间，插入关键帧，调整汽车的车头方向，如图6-5所示，使汽车的行驶运动更加逼真。

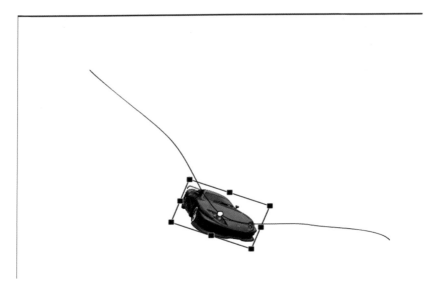

■ 图 6-5　调整汽车车身方向

最后，测试影片，引导路径消失，汽车按照路径进行行驶，保存文件并发布为影片。

6.2.2　课堂学习——投篮

（1）新建一个 Animate CC 文件，将图层1命名为"篮框"，将"篮框.jpg"导入到舞台，并调整大小，放置在舞台右上角位置，将图层锁定。新建一个图层，命名为"篮球"，将"篮球.png"导入到舞台，调整大小，并将其转换为图形元件，命名为"篮球"，如图6-6所示。

请扫一扫获取
相关微课视频

■ 图 6-6　导入素材

（2）新建一个图层，命名为"引导层"，使用"铅笔工具"，绘制一条如图6-7所示的路径，模拟篮球投篮进框的运动路径。

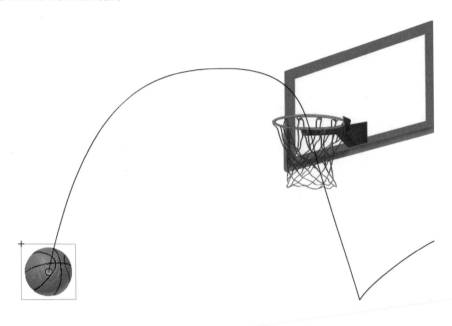

■ 图 6-7　绘制路径

（3）在"引导层"图层上第50帧插入帧。在"篮球"图层上第50帧插入关键帧，并打开"贴紧至对象"工具，将"篮球"图形元件贴紧至路径的末端，如图6-8所示；在第1帧上，将"篮球"图形元件贴紧至路径的起始端点，在两个关键帧之间创建传统补间动画。

■ 图 6-8　移动篮球至路径末端

（4）在"引导层"图层上右击，在弹出的快捷菜单中选择"引导层"命令，将图层设置为引导层。将"篮球"图层往右上角拖动，使其变为被引导层，"引导层"图层上出现 🔒 标记，说明设置引导层成功。时间轴上的设置如图6-9所示。

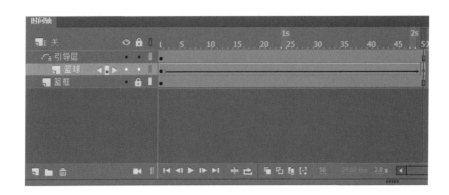

■ 图6-9　设置引导层

最后，测试影片，引导路径消失，篮球按照投篮路径进行运动，保存文件并发布为影片。

6.2.3　课堂学习——旋转的小行星

（1）新建一个Animate CC文件，将图层1命名为"背景"，将"轨迹.png"导入舞台中，调整图片大小以适应舞台尺寸，新建一个图层，命名为"行星"，将"行星.png"导入到舞台中，调整大小，并将其转换为图形元件，命名为"行星"，如图6-10所示。

请扫一扫获取
相关微课视频

■ 图6-10　导入素材

（2）新建一个图层，命名为"引导层"，使用"椭圆工具"，绘制一个与背景图片上的光圈相同大小的空心圆，绘制方法如下：按【Alt+Shift】快捷键，定位在圆形的圆心，绘制一个圆，将背景图暂时隐藏，绘制好的路径如图6-11所示。

（3）由于路径是闭合的图形，无法区分起点和终点，需要使用"橡皮擦工具"，在圆形路径上擦除一个开口，如图6-11所示。

（4）在"引导层"和"背景"图层上的第50帧插入帧，在"行星"图层上的第50帧插入关键帧，并打开"贴紧至对象"工具，将"行星"图形元件贴紧至路径的末端，如图6-12所示；在第1帧上，将"行星"图形元件贴紧至路径的起始端点，在两个关键帧之间创建传统补间动画。

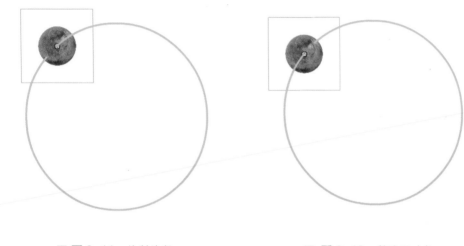

■ 图6-11　绘制路径　　　　　　　　　　　■ 图6-12　紧贴至对象

（5）在"引导层"图层上右击，在弹出的快捷菜单中选择"引导层"命令，将图层设置为引导层。将"行星"图层往右上角拖动，使其变为被引导层，时间轴上的设置如图6-13所示。

■ 图6-13　设置引导层

6.2.4　课堂学习——花朵飘舞

（1）新建一个Animate CC文件，将文档属性中的背景色设置为如图6-14所示的粉色，绘制一朵如图6-14所示的白色花朵，将花朵图形全部选中，转换为图形元件，命名为"花朵"。

请扫一扫获取
相关微课视频

■ 图 6-14　绘制花朵图形元件

（2）新建一个图层，命名为"引导层"，使用"铅笔工具"，绘制一条如图 6-15 所示的路径，模拟花朵飘舞的运动路径。

（3）在"引导层"图层上第 50 帧插入帧。在"花朵"图层上第 50 帧插入关键帧，将"花朵"图形元件贴紧至路径的末端，如图 6-16 所示；在第 1 帧上，将"花朵"图形元件贴紧至路径的起始端点，如图 6-15 所示。在两个关键帧之间创建传统补间动画。

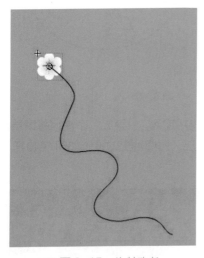

■ 图 6-15　绘制路径

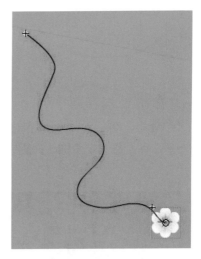

■ 图 6-16　贴紧至对象

（4）在"引导层"图层上右击，在弹出的快捷菜单中选择"引导层"命令，将图层设置为引导层。将"花朵"图层往右上角拖动，使其变为被引导层，"引导层"图层上出现 标记，说明设置引导层成功。时间轴上的设置如图 6-17 所示。

■ 图 6-17　设置引导层

（5）制作花朵飘舞最终消失的效果，定位在50帧上的关键帧，单击"花朵"图形元件，在右边属性栏中，设置"色彩效果"的Alpha为0，如图6-18所示。最后，测试影片观看效果，保存文件并发布为影片。

■ 图 6-18　设置透明样式

6.2.5　任务实施——繁花飘落

通过刚才的学习，可以制作一朵花朵的飘舞效果，若要制作很多花朵纷纷飘落的效果，如图6-19所示，如何高效率的制作呢？请读者思考。

■ 图 6-19　繁花飘落

方法提示：可以创建一朵花朵的影片剪辑，在影片剪辑中，制作一朵花朵的路径引导动画。在场景中，多次复制影片剪辑，并调整大小和方向，如图6-20所示，即可制作繁花飘落的动画，请读者动手试一试。

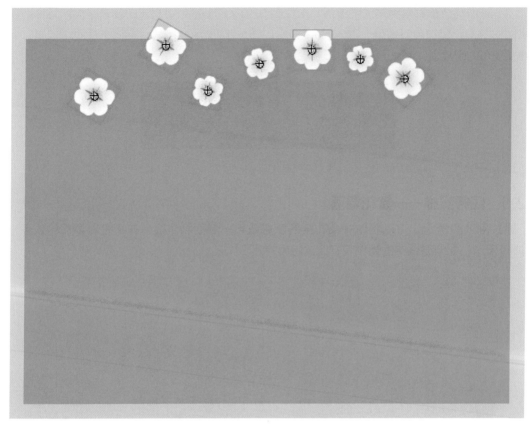

■ 图6-20　场景中复制影片剪辑

本 章 小 结

　　本章学习了Animate CC高级动画制作之一的路径引导动画，在课前学习中，介绍了路径引导动画的概念，引导层的两种设置方法，路径的绘制方法。在课堂学习中，通过几个生动的实例，完成路径引导动画的制作，其中，让元件贴紧至路径，是学习的难点，只有让元件贴紧路径，才能保证被引导层按照引导层的路径运动。最后，布置了一个学习任务，学习如何通过创建影片剪辑，高效率地制作多个元件的路径引导动画。

课 后 检 测

　　操作题：请制作图6-21所示的多个白色气泡飘舞的路径引导动画，可以扫一扫二维码，观看动画效果。

请扫一扫获取
相关微课视频

■ 图 6-21　飘舞的白色气泡

第 7 章

高级动画制作——蒙版（遮罩层）动画

课前学习任务单

学习主题：遮罩层动画的概念。

达成目标：掌握遮罩元件的绘制方法，遮罩层的设置。

学习方法建议：在课前观看微课视频学习，并尝试制作一个遮罩层动画。

课堂学习任务单

学习任务：制作"春联""光线照耀文字""旋转的地球""探照灯文字""贺新春"的遮罩层动画。

重点难点：遮罩元件的圆心定位对于运动方向的影响。

学习测试：制作"书法卷轴"遮罩层动画。

7.1 遮罩层动画的概念

遮罩动画，"遮罩"顾名思义就是遮挡住下面的对象。在 Animate CC 中，遮罩动画是通过"遮罩层"来达到有选择地显示位于其下方的"被遮罩层"中的内容，在一个遮罩动画中，"遮罩层"只有一个，"被遮罩层"可以有任意多个。在 Animate CC 中，对于那些处于遮罩层下的东西而言，只有那些被遮盖的部分才能被看到，没有被遮罩的区域反而看不到。遮罩层中的对象称为"遮罩物"，几乎一切具有可见面积的东西都可以被用作遮罩层中的遮罩物，而声音或笔触（没有面积）则不能作为遮罩物。需要注意的是，一个遮罩层中只能存在一个遮罩物。也就是说，只能在一个遮罩层中放置一个文本对象、影片剪辑实例或其他东西。遮罩层中的遮罩物就像是一些孔，透过这些孔，可以看到处于被遮罩层中的东西。遮罩层的基本原理是：能够透过该图层中的对象看到"被遮罩层"中的对象及其属性（包括它们的变形效果），但是遮罩层中的对象中的许多属性如渐变色、透明度、颜色和线条样式等却是被忽略的。例如，不能通过遮罩层的渐变色来实现被遮罩层的渐变色变化。要在场景中显示遮罩效果，可以锁定遮罩层和被遮罩层。

7.2　遮罩层动画的制作

7.2.1　课前学习——流光溢彩文字

（1）新建一个Animate CC文档，将文档属性中的尺寸设置为550像素×200像素，背景颜色为白色。在舞台中，将图层1命名为"遮罩层"，使用"文本工具"输入文字"FASHION"，字体系列为"Franklin Gothic Heavy"，73点，如图7-1所示，将其转换为图形元件，命名为"遮罩"。

请扫一扫获取
相关微课视频

（2）新建一个图层，命名为"七彩矩形"，将其移动至"遮罩层"图层下方。绘制一个比文字面积大一些的矩形，并填充七彩渐变色，如图7-2所示。将其转换为图形元件，命名为"七彩矩形"。

■ 图7-1　输入文字

■ 图7-2　绘制七彩渐变色矩形

（3）在时间轴上第50帧插入关键帧，将"七彩矩形"图形元件移动至图7-3所示的位置。在两个关键帧之间创建传统补间。

■ 图7-3　创建传统补间动画

（4）在"遮罩层"图层上右击，在弹出的快捷菜单中选择"遮罩层"命令，将其设置为遮罩层，时间轴的设置如图7-4所示，最终，影片运行效果如图7-5所示。

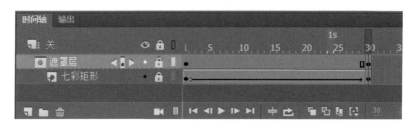

■ 图7-4　时间轴的设置

FASHION

■ 图7-5　最终效果

7.2.2　课堂学习——春联

（1）将png格式的素材图片导入到库里，把图层1命名为"背景"，填充"橘色—黄色"的线性渐变色。新建一个图层，命名为"上联"，将"上联.png"从库中拖至舞台。新建一个图层，命名为"遮罩层"，绘制一个如图7-6所示的绿色矩形，并将其转换为图形元件，命名为"遮罩层1"，使用"任意变形工具"，将绿色矩形的圆心移动至顶边的中点处，如图7-7所示。在该图层上第30帧插入关键帧，将绿色矩形的底边拉伸至图7-8所示的位置，将上联全部遮住。

请扫一扫获取
相关微课视频

■ 图7-6　绘制绿色矩形

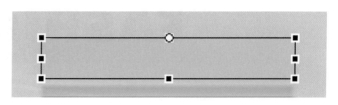

■ 图7-7　移动圆心位置

（2）将"遮罩层"设置为遮罩层，按【Enter】键播放动画，效果如图7-9所示，上联由上至下慢慢展开。

■ 图7-8　拉伸矩形长度

■ 图7-9　遮罩层动画效果

（3）"下联"的制作方法同步骤一和步骤二，这里将不再冗述。接下来，制作"横批"的遮罩层动画。新建一个图层，命名为"横批"，在图层中第60帧插入空白关键帧，将"横批.png"从库中拖至舞台。新建一个图层，命名为"遮罩层"，绘制一个如图7-10所示的绿色矩形，并将其转换为图形元件，命名为"遮罩层2"，使用"任意变形工具"，将绿色矩形的圆心移动至左边边长的中点处，如图7-10所示。在该图层上第85帧插入关键帧，将绿色矩形的右边边长拉伸至图7-11所示的位置，将横批全部遮住。

■ 图7-10　绘制绿色矩形

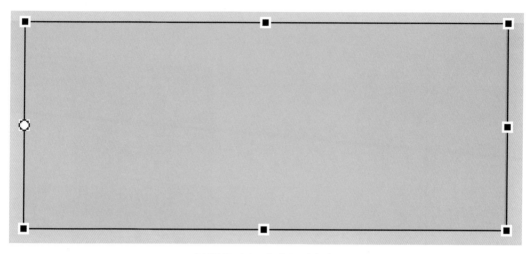

■ 图 7-11　拉伸矩形宽度

（4）将"遮罩层"设置为遮罩层，按【Enter】键播放动画，横批由左至右慢慢展开。接下来，将"福字.png"放置舞台中央，并转换为图形元件，制作福字顺时针旋转的传统补间动画。最后，按【Ctrl+Enter】快捷键测试影片，最终效果如图7-12所示。

■ 图 7-12　最终效果

7.2.3　课堂学习——光线照耀文字

（1）将图层1命名为"背景"，在舞台中点击右击，选择"文档属性"命令，将背景色设置为绿色。新建一个图层，命名为文字，输入图7-13所示的蓝色文字"ANIMATE动画制作翻转课堂"，并将文字转换为图形元件，命名为"文字"。

■ 图7-13　输入文字

（2）新建一个图层，命名为"光线"，打开"颜色"面板，设置如图7-14所示的线性渐变色，头部和尾部的两个色标为白色，Alpha设置为11%，中间的色标设置为白色，Alpha设置为100%。绘制一个矩形，填充之前设置好的线性渐变色，并使用"任意变形工具"，旋转矩形，最终效果如图7-15所示。将矩形转换为图形元件，命名为"光线"。在时间轴上第一帧，移动"光线"图形元件至文字的左边，如图7-16所示。

■ 图7-14　设置线性渐变色

■ 图7-15　绘制光线图形元件

■ 图7-16　移动光线图形元件的位置

（3）在光线图层上第50帧插入关键帧，将"光线"图形元件移动至文字的尾部，如图7-17所示的位置。在两个关键帧之间创建传统补间，"光线"图形元件从左至右运动。

■ 图 7-17　第 50 帧上光线图形元件的位置

（4）新建一个图层，命名为"遮罩层"，将"文字"图层上的文字选中，按【Ctrl+C】快捷键复制，在"遮罩层"图层中按【Ctrl+Shift+V】快捷键，将文字图形元件粘贴，将"遮罩层"设置为遮罩层，时间轴的设置如图 7-18 所示。按【Ctrl+Enter】测试影片，动画最终效果如图 7-19 所示。

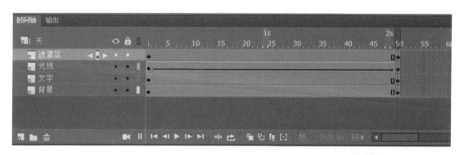

■ 图 7-18　时间轴的设置

■ 图 7-19　最终效果

7.2.4　课堂学习——探照灯文字动画

通过制作遮罩层的设置，完成图 7-20 所示的探照灯文字动画，圆形探照灯所照耀之处，文字变亮。

请扫一扫获取
相关微课视频

■ 图 7-20　最终效果

（1）将图层1命名为"背景1"，将文档属性中的背景色设置为黑色，并输入文字"FLASH"，使用深灰色填充字体，如图7-21所示。新建一个图层，命名为"背景2"，将背景填充为"灰—白—灰"的线性渐变，并输入文字"ANIMATE"，使用浅灰色填充字体，如图7-22所示。

■ 图 7-21　背景 1

■ 图 7-22　背景 2

（2）新建一个图层，命名为"遮罩层"，绘制一个图7-23所示的圆形，并转换为图形元件，命名为"探照灯"。在图层上第40帧的位置插入关键帧，将"探照灯"图形元件移动至文字的尾部，如图7-24所示。

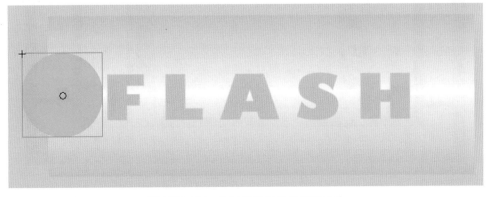

■ 图 7-23　绘制圆形探照灯图形元件

■ 图 7-24　第 40 帧上探照灯的位置

（3）在两个关键帧之间创建传统补间，使探照灯图形元件从左至右移动。

（4）保存文件，并导出影片，最终效果如图 7-20 所示。

7.2.5　任务实施——贺新春

请制作一个图 7-25 所示的蒙版（遮罩层）动画，窗户慢慢展开，春联缓缓出现，可以扫描二维码，观看动画演示效果。

请扫一扫获取
相关微课视频

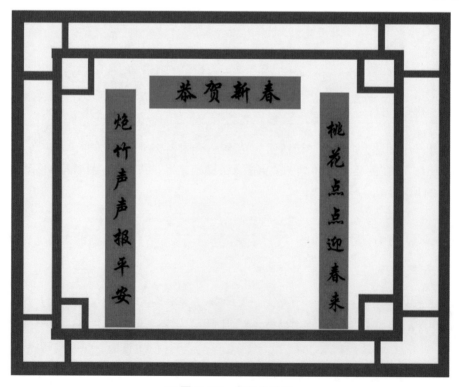

■ 图 7-25　贺新春动画

本章小结

遮罩层可以将与遮罩层相链接的图形中的图像遮盖起来。用户可以将多个层组合放在一个遮罩层下，以创建出多样的效果。

遮罩层中的图形对象被看作是透明的，可以透过遮罩层内的图形看到被遮罩层的内容，遮罩层中图形对象以外的区域将遮盖被遮罩层的内容。即相当于要在遮罩层中设置各种形状的孔洞，只有在孔洞处才能显示被遮罩层相应部分的内容。在遮罩层或被遮罩层中都可以制作各种动画效果。

在遮罩层中，遮罩项目可以是填充的形状、文字对象、图形元件实例或影片剪辑元件实例。一个遮罩层只能包含一个遮罩项目。遮罩层不能用在按钮内部，也不能将一个遮罩应用于另一个遮罩。将多个图层组织在一个遮罩层下可创建复杂的效果。

课后检测

操作题：

请制作图 7-26 所示的遮罩层动画，书法卷轴从中间往两边慢慢展开，可以扫描二维码，观看动画演示效果。

请扫一扫获取
相关微课视频

■ 图 7-26   书法卷轴动画

第 **8** 章

按钮元件的制作及视频的播放控制

◎ 课前学习任务单

学习主题：按钮元件的制作。

达成目标：了解动态效果的按钮制作方法。

学习方法建议：在课前对8.1节的内容进行学习。

◎ 课堂学习任务单

学习任务：制作网页导航栏。

重点难点："鼠标经过"帧的动画制作。

课后检测：制作嵌套影片剪辑的按钮元件。

8.1 按钮的制作

在Animate CC创作中加入的元件有三种，分别是：影片剪辑、按钮和图形。创建按钮元件有以下几个步骤。

（1）有两种方法可以创建按钮元件。一种是直接在菜单栏中选择"插入"|"新建元件"命令，在弹出的对话框的"类型"下拉列表中，选择"按钮"元件，然后单击"确定"按钮，即可创建一个空白的按钮元件。同样，在右边的"库"面板中，直接单击右下角的"新建元件"按钮也具有相同的效果。另外一种是在场景中选中导入的图片或是已经绘制好的图形右击，在弹出的快捷菜中选择"转换为元件"命令，即可将图形转换为元件，两种方法的创建如图8-1所示。

■ 图 8-1　建立自定义按钮

（2）通过以上的方法建立按钮后，在按钮元件的"时间轴"面板出现弹起、指针经过、按下和点击四个帧，前三帧分别对应按钮静止时、鼠标经过（悬停）时、鼠标点击时的不同状态，最后一帧对应的是鼠标的点击区域，我们可以在这一帧设定鼠标点击按钮的范围。其中第一帧（弹起）为关键帧，即为所建立的按钮的关键帧（默认）第一帧，从第二帧到第四帧均为空白帧，可以复制第一个关键帧（在图层上第一个关键帧的小黑点）后，分别粘贴到第二个到第四个空白帧上，这样就形成了四个关键帧的逐帧动画。如图 8-2 所示。

■ 图 8-2　创建 3 个关键帧

（3）对建好的四个关键针对应的按钮进行颜色设置（与在工作区内建立图形元件时设置颜色方法相同），然后用鼠标分别单击设置好颜色的四个关键帧，会看到当鼠标滑过、单击时会有不同颜色的交替变化。

（4）对按钮编辑好后，回到场景中，然后在库中将编辑好的按钮元件直接拖入到舞台中，将其调整至合适的大小和位置，来完成按钮的添加。

8.2 网页导航栏的制作

使用 Animate CC 制作网页的导航栏，动态效果更好，页面显得更加生动活泼，下面介绍一种 Animate CC 网页导航栏的制作方法，并介绍在按钮中添加超级链接的方法。最终效果如图 8-3 所示，鼠标经过文字内容，背景颜色变为橙色，文字颜色变为白色，可以扫一扫二维码观看动画效果。

请扫一扫获取
相关微课视频

（1）新建一个 ActionScript 3.0 文件，将"文档属性"中的尺寸设置为 150 像素×200 像素，在菜单栏上单击"插入"|"新建元件"命令，在"创建新元件"对话框"类型"列表框中选择"按钮"命名为"课程介绍"，单击"确定"按钮。在打开的按钮编辑区中，绘制粉色三角形，并且输入文字"课程介绍"，调整好位置，如图 8-4 所示，绘制完成后将它们选中，按【Ctrl+G】快捷键打组。

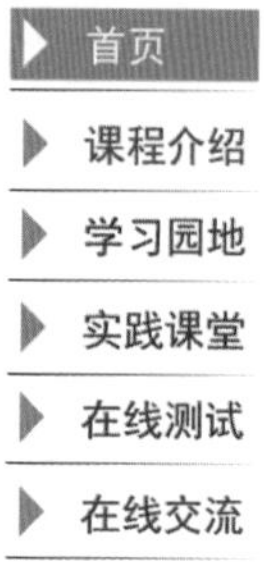

■ 图 8-3　最终效果

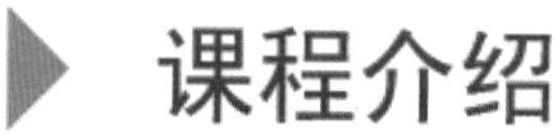

■ 图 8-4　"弹起"帧上的内容

（2）在"指针经过"帧上，插入关键帧，绘制一个橙色矩形作为底色，并且将三角和文字颜色修改为白色，如图 8-5 所示。

（3）在"按下"帧上，插入关键帧，将三角和文字颜色修改为黑色，如图 8-6 所示。

■ 图 8-5　"指针经过"帧上的内容

■ 图 8-6　"按下"帧上的内容

（4）使用相同的制作方法，制作其他按钮元件，最后回到场景 1，新建多个图层，按照一个图层一个按钮元件的分配顺序，将按钮元件拖入舞台中排列好，并绘制 5 条黑色直线，将按钮元件分隔开，如图 8-7 所示。

（5）修改按钮元件的实例名称。以"课程介绍"这个按钮元件为例，首先在舞台中选中这个按钮元件，在右边的"属性"栏中可以看到它的实例名称，如图 8-8 所示。接下来我们需要单击实例名称，将其修改为 kcjs_btn，如图 8-9 所示。

▶ 首页

▶ 课程介绍

▶ 学习园地

▶ 实践课堂

▶ 在线测试

▶ 在线交流

■ 图 8-7　在场景 1 中添加所有按钮元件

■ 图 8-8　按钮元件的实例名称

■ 图 8-9　修改实例名称

（6）为按钮元件添加超级链接，为了在访问按钮时，能链接至相应的网页，需要为按钮元件添加代码。在这个按钮所在的图层的关键帧上右击，选择"动作"命令，打开"动作"面板，单击"代码片断"，如图 8-10 所示。在弹出的"代码片断"中，依次单击"ActionScript"|"动作"单击以转到 Web 页"，如图 8-11 所示。然后就能看到动作面板中多出了一大串代码以及注释，如图 8-12 所示，这个时候按【Ctrl+Enter】快捷键就可以进行调试了，在调试面板中单击"课件介绍"按钮，将会自动打开并跳转到相应的网页。

其中，网址可以替换成其他的地址，如可以替换成 www.baidu.com 进行测试。

■ 图 8-10　动作面板上的代码片断

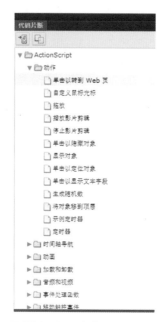

■ 图 8-11　为按钮添加代码

■ 图 8-12　跳转至外链的代码

8.3　视频的导入及播放控制

　　在 Animate CC 中，可以导入视频，并通过回放组件或自定义按钮来控制视频的播放。接下来，制作一个新闻视频播放动画，最终效果如图 8-13 所示，可以扫一扫二维码观看动画效果。

请扫一扫获取
相关微课视频

■ 图 8-13　最终效果

（1）新建一个 ActionScript 3.0 文件，"文档属性"中的尺寸设置为 550 像素 × 450 像素，并将背景颜色设置为 #333333。

（2）新建一个图层，命名为"视频"，执行菜单栏"文件|导入|导入视频"命令，打开"导入视频"对话框，首先选择视频，单击文件路径"浏览"按钮，找到想要添加的视频，可以选择"使用播放组件加载外部视频"单选按钮，使用 Animate CC 自带的播放组件控制视频的播放，如图 8-14 所示。也可以选择"在 SWF 中嵌入 FLV 并在时间轴中播放"单选按钮（选择这种方式导入的视频需为 .flv 格式），将视频转换为时间轴上的帧，作为动画的一部分，如图 8-15 所示。

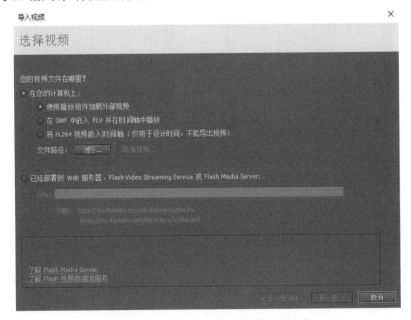

■ 图 8-14　使用播放组件加载外部视频

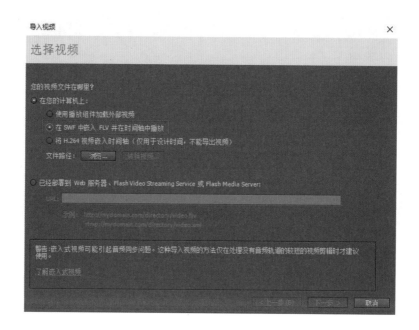

■ 图 8-15　在 SWF 中嵌入 FLV 并在时间轴中播放

（3）若之前选择了"使用播放组件加载外部视频"单选按钮，则可以为回放组件选择一种外观，并可以实时预览效果，如图8-16所示。

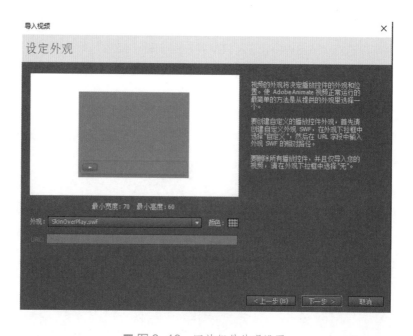

■ 图 8-16　回放组件外观设置

（4）运用"8.2网页导航栏的制作"中的知识去绘制一个"重播"按钮，时间轴设置如图8-17所示。

■ 图 8-17　按钮编辑区中的时间轴设置

（5）使用相同的制作方法，制作其他按钮元件"暂停""继续"和"返回"，并放置在场景 1 当中，如图 8-18 所示。或者在库中选择"重播"按钮元件，右击选择"直接复制"命令，复制出其他按钮元件，只需要在对应的按钮编辑区中，将文字进行修改即可。

重播　暂停　继续　返回

■ 图 8-18　制作其他按钮元件

（6）为每一个按钮添加动作代码，控制视频的播放。首先，需要在舞台中依次单击这四个按钮元件，在右边属性栏处能看到按钮的实例名称，将四个按钮元件的实例名称分别修改为 cb_btn、zt_btn、jx_btn、fh_btn。在"重播"按钮元件所在图层上右击选择"动作"命令，打开动作面板，然后如图 8-11 那样打开代码片断，单击"ActionScript|音频和视频|单击以后退视频"，然后将代码修改成如图 8-19 框中所示（代码解释：鼠标按下的时候，转到并播放第 1 帧的内容，即重播）。

```
cb_btn.addEventListener(MouseEvent.CLICK, fl_ClickToPauseVideo4);
function fl_ClickToPauseVideo4(event:MouseEvent):void
{
    // 用此视频组件的实例名称替换 video_instance_name
    video_instance_name.seek(1);
    video_instance_name.play();
}
```

■ 图 8-19　"重播"按钮元件的动作代码

在"返回"按钮元件上执行"重播"按钮元件的操作，并将代码修改为如图 8-20 框中所示（代码解释：鼠标按下的时候，转到第一帧并暂停，即返回）。

```
fh_btn.addEventListener(MouseEvent.CLICK, fl_ClickToPauseVideo3);
function fl_ClickToPauseVideo3(event:MouseEvent):void
{
    // 用此视频组件的实例名称替换 video_instance_name
    video_instance_name.seek(1);
    video_instance_name.pause();
}
```

■ 图 8-20　"暂停"按钮元件的动作代码

类似的，为"暂停"和"继续"两个按钮元件分别插入"单击以暂停"和"单击以播放"的代码，如图 8-21 所示。

```
zt_btn.addEventListener(MouseEvent.CLICK, fl_ClickToPauseVideo2);
function fl_ClickToPauseVideo2(event:MouseEvent):void
{
    // 用此视频组件的实例名称替换 video_instance_name
    video_instance_name.pause();
}

jx_btn.addEventListener(MouseEvent.CLICK, fl_ClickToPlayVideo1);
function fl_ClickToPlayVideo1(event:MouseEvent):void
{
    // 用此视频组件的实例名称替换 video_instance_name
    video_instance_name.play();
}
```

■ 图8-21 "单击以暂停"和"单击以播放"按钮元件的代码

本章小结

　　本章通过"网页导航栏"及"新闻播放器"动画的制作，让读者了解了按钮的制作方法，添加超链接的代码编写，以及声音和视频的导入、转换及控制。通过按钮元件跳转相应场景或页面，是制作交互式动画的关键，希望读者掌握。导入声音和视频使Animate CC动画作品更具多媒体特性，在制作MV、广告、网页、贺卡等方面，都需要使用相关的技术，本章是学好后续章节的基础，希望读者能多加练习，掌握基础。

课后检测

操作题：

　　请制作图8-22动画中的按钮动画，按钮的动画效果为：鼠标经过时会有蓝色轮廓光闪烁，鼠标点击时按钮变小会且有白色光效扫过，可以使用遮罩层动画来实现此效果。扫一扫二维码观看动画播放效果。

请扫一扫获取
相关微课视频

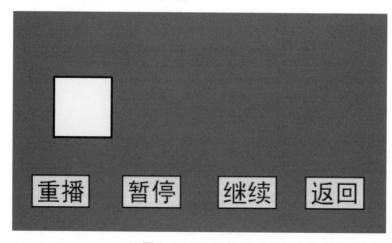

请扫一扫获取
相关微课视频

■ 图8-22 按钮动画效果

实战篇

第 9 章

网站版头的制作

课前学习任务单

学习主题：网站版头的设计原则。

达成目标：了解网页版头的配色原理及构图分类。

学习方法建议：在课前对9.1节的内容进行学习。

课堂学习任务单

学习任务：制作某科技公司网页版头。

重点难点：图片与文字的搭配比例，各种元素的动画设计。

课后检测：设计学校或系部网站的网页版头。

9.1 课前学习——网站版头的设计原则

网页设计中网页头部是最重要的视觉元素。在很多博客网页中，它甚至是唯一的视觉元素。所以它的作用可以说是相当大的。当用户访问网站时，首页的信息展示是非常重要的，很大程度上影响了用户是否决定停留，然而只有文字大面积的堆积，很难直观而迅速地展示给用户有用的信息，因此网页头部设计在这里起到了至关重要的展示作用，特别是对于首页版头，有效的信息传达可以快速提高页面转化率。

网页版头必须能够与网站的风格配合，并能传达视觉上的信息。网页版头必须让人看上一眼就让人知道这个网站是属于什么类型，风格是什么，如图9-1所示，通过版头的鼠标、键盘、光盘、路由器等元素，得知该网站与信息技术、计算机产品等有关。版头部分还必须能够提供简单明了的导航链接。以上要求，网页制作者可以通过将头部分成三个区域而轻松实现：每一个区域都具有自己的功能，而且这三个区域在视觉上统一，使三者具有相似性及协调性。

1. 网页版头的区域划分

设计一个吸引人的网页主横幅其实可以很简单，首先思考的是如何分配区域。一个横幅的宽度横跨整个网页，而高度又相当窄。将其分成三个区域：名称、图片及导航链接，如图9-2所示。然后分别对其进行设计。

如何分配区域：一般来说，都是将名称放在左上方，而导航栏目放在下方。其空间的分配应该慎重。空间的比例大小是根据具体的名称（长或短）和图片而定的，很难说有什么最佳的比例。但是，应该避免将上方空间分成两等份，因为分成两等份会让人的注意力都放在版式上，而不是放在内容上。采用不对称的分布效果会更好。

■ 图9-1　某公司网站首页

■ 图9-2　网页版头的区域划分

2. 网页版头的色彩搭配

色彩搭配既是一项技术性工作，也是一项艺术性很强的工作，因此，设计者在设计网页版头时除了考虑网站本身的特点外，还要遵循一定的艺术规律，从而设计出色彩鲜明、性格独特的网站版头。

色彩搭配要注意的问题有以下6个。

（1）使用单色

尽管网站版头设计要避免采用单一色彩，以免产生单调的感觉，但通过调整色彩的饱和度和透明度也可以产生变化，使网站避免单调。

（2）使用邻近色

所谓邻近色，就是在色带上相邻近的颜色，例如绿色和蓝色，红色和黄色就互为邻近色，如图9-3所示。采用邻近色设计网页可以使网页避免色彩杂乱，易于达到页面的和谐统一。

（3）使用对比色

所谓对比色，就是色带上对角线上的颜色，例如红色和蓝色，绿色和红色等，如图9-3所示。对比色可以突出重点，产生了强烈的视觉效果，通过合理使用对比色能够使网站特色鲜明、重点突出。在设计时一般以一种颜色为主色调，对比色作为点缀，可以起到画龙点睛的作用。

■ 图9-3 简单的色谱

（4）黑色的使用

黑色是一种特殊的颜色，如果使用恰当，设计合理，往往产生很强烈的艺术效果，黑色一般用来作背景色，与其他纯度色彩搭配使用。

（5）背景色的使用

背景色一般采用素淡清雅的色彩，避免采用花纹复杂的图片和纯度很高的色彩作为背景色，同时背景色要与文字的色彩对比强烈一些。

（6）色彩的数量

一般初学者在设计网页版头时往往使用多种颜色，使网页变得很"花"，缺乏统一和协调，表面上看起来很花哨，但缺乏内在的美感。事实上，网站用色并不是越多越好，一般控制在三种色彩以内，通过调整色彩的各种属性来产生变化。

图9-2的网页版头，所有的颜色都拥有同一一种色调蓝色。而且这些颜色理论上都是来自于图片，可以说，无论你如何将颜色分配到区域中，一般来说，都可以形成协调的搭配。为了形成强烈的视觉冲击力，字体的颜色选择与蓝色对比强烈的红色，给人留下深刻的印象。

3. 网页版头的构图

（1）左右式构图

左右式构图是最常见的构图方式，分别把主题元素和主标题左右摆放，如图9-4所示。

（2）居中辐射式构图

网页版头的标题文字居中，分别把主题元素环绕在文字周围，用在着重强调标题的环境，如

图9-5所示。

■ 图9-4　左右式构图

■ 图9-5　居中辐射式构图

（3）倒三角形构图

倒三角构图，标题突出，构图自然稳定，空间感强，如图9-6所示。

■ 图9-6　倒三角形构图

（4）斜线构图

产品所占比重相对平衡，构图动感活泼稳定，运动感空间感强。此类构图适合电商、科技、汽车、潮流题材，如图9-7所示。

■ 图9-7　斜线构图

4. 放置名称及导航文字

确定颜色后，要对付文字。文字应该能够与图片产生互补。一个非常长的名称应该分成两行或多行，行与行之间的字体应该是整齐的，避免使用某些高低不平的字体或小字字母，这样会在如此狭窄的小空间中造成冲突。大写字母是本例的第一选择。案例采用一种平静优雅的字体，与这幅漂亮的图片产生互补。避免使用装饰性较强的字体，否则只会喧宾夺主。

每个字体好像人一样，都有自己的性格与气质。选择使用一款字体时，除了考虑它的易读性，更多考虑的是这款字体能否准确地传达出对产品独有的气质。下面介绍该如何选择字体。

体现男性气质的字体：方正粗谭黑、站酷高端黑、造字工房版黑、蒙纳超刚黑。黑体给人感觉粗壮紧凑，颇有力量感，可塑性很强。适用于各种大促类的电商广告。

体现文艺气质的字体：方正大小标宋、方正静蕾体、方正清刻本悦宋、康熙字典体。宋体的衍生有很多，有长有扁，有胖有瘦。旅游类电商网站经常会用到此类字体。运用宋体进行排版处理，既显得清新又文艺。

体现女性气质的字体：方正兰亭超细黑、汉仪秀英体。字如其人，女性的特点是细致优雅、苗条细长；这类字体常被用作化妆品、女性杂志、艺术等女性主题领域。

体现文化气质的字体：王羲之书法字体、颜真卿颜体。书法字体具有很强的设计感与艺术表现力，运用好的话往往是点睛之笔。各式各样的书法字体有着自己独特的细腻的特点，把握好这一点，既能增加文化内涵，也能衬托出产品的气质。

9.2　课堂学习——某科技公司网页版头制作

图9-8是某科技公司网页的版头部分，属于传统的构图和颜色搭配。在构图方面，使用最常用的左右式构图，分别把主题元素和主标题左右摆放。在颜色搭配方面，选用代表沉着、冷静、高科技感的蓝色调，地球的蓝色、背景的蓝色以及导航条的蓝色都属于同一种色系，但是饱和度不同，在视觉效果上传达一种和谐、平静、严谨的感觉。在字体的选择上，"科技创新"使用书法字体，具有很

请扫一扫获取
相关微课视频

强的设计感与艺术表现力，能增加企业的文化内涵，也能衬托出产品的气质。其他字体为黑体和宋体，不过于花哨，不喧宾夺主。

■ 图9-8　某科技公司网页版头动画

下面来学习制作图9-8所示的网页版头动画。

1. 素材准备

（1）收集图片素材，并抠除背景，保存为.PNG格式，这样导入到Animate中的图片才能保证背景透明。

（2）下载安装字体，一般的计算机上安装的是常用的传统字体，若要做平面设计、动画设计，则需要许多艺术感强烈的字体，这时，需要自行安装新字体到计算机中存放字体的位置。互联网上有很多提供字体下载的网站，如字体大宝库，在网站中寻找所需的艺术字体，并下载到计算机里。计算机中存放字体的位置为"C:\Windows\Fonts"，将下载好的.TTF字体文件粘贴到Fonts文件夹中，即把字体安装成功。本实例提供了下载好的"叶根友繁体"字体和"迷你简粗宋"字体，大家可以将字体文件复制到Fonts文件夹中，这样就可以使用这两种字体来制作网页版头了。

2. 制作动画

（1）新建一个文档，在舞台中右击，在"文档属性"中，设置文档尺寸为980像素×260像素，将图层1命名为"背景"，把背景图导入到库中，并把背景图拖动到舞台中，使其布满舞台。

（2）新建图层2，命名为"地球"，把"地球.png"也导入到库中，将其拖动到舞台中，放置在舞台左边。如图9-9所示。

■ 图9-9　素材导入

（3）制作地球图片素材的淡入效果，为了在视觉上给人自然流畅的感觉，要善于运用"淡入淡出"的动画效果，比起突兀的生硬的动画出现方式，淡入淡出效果更能让人接受。在地球图片素材上右击，选择"转换为元件|图形"命令。并命名为"地球"。在"地球"图层中，时间轴上的第10帧，插入关键帧，并在第1帧和第10帧之间，创建传统补间。选择第1帧，并在"地球"

图形元件上面单击，到"属性面板"上，将"色彩效果"选项展开，并在"样式"的下拉菜单中，选择"Alpha"选项，将 Alpha 值设置为"0"，如图 9-10 所示。这样就实现了地球图形元件从无到有的淡入效果。

■ 图 9-10　设置图形元件透明度

（4）制作文字的图形元件。首先在菜单栏上选择"插入|新建元件"命令，"类型"为图形，命名为"科技创新"。在图形编辑窗口中，输入文字"科技创新"，并将字符系列选择为"叶根友繁体"，颜色为白色。这里要注意的是：自行安装的字体，在未安装此字体的计算机中无法正常显示，只能以默认字体显示出来，所以，为了在任意一台计算机中，都能正常显示此种字体，必须将文字进行分离，分离为矢量图。按两次【Ctrl+B】快捷键，将文字打散。这样，"科技创新"图形元件就创建好了，如图 9-11 所示。用同样的方法创建其他两段文字的图形元件，分别为"梦想"图形元件和"英文"图形元件，如图 9-12 和图 9-13 所示。

■ 图 9-11　"科技创新"图形元件

■ 图 9-12　"梦想"图形元件

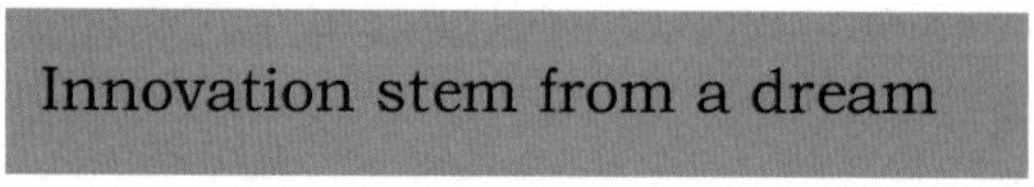

■ 图 9-13　"英文"图形元件

（5）创建文字动画的影片剪辑。在菜单栏上选择"插入|新建元件"命令，"类型"为影片剪辑，命名为"文字动画"，在影片剪辑编辑窗口中制作三段文字的动画效果。新建三个图层，分别为"科技创新""梦想""英文"，在对应的图层中，制作每段文字的淡入淡出补间动画，时间轴上的设置如图 9-14 所示，最终效果如图 9-15 所示。

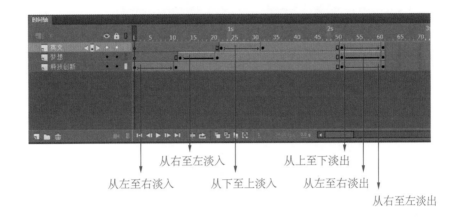

■ 图 9-14 文字动画的影片剪辑时间轴设置

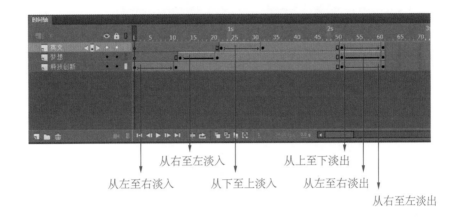

■ 图 9-15 文字动画影片剪辑最终效果

（6）制作光芒图形元件。在地球图形元件后边，有一道耀阳的光芒，不停在闪耀，必须制作出影片剪辑，才能实现循环播放的效果。在制作影片剪辑之前，要先制作出光芒的图形元件。在菜单栏上选择"插入|新建元件"命令，"类型"为图形，命名为"光晕"，为了体现光晕的不透明度变化，首先要在"颜色"面板中，设置填充色，类型为"径向渐变"，颜色为白色，左边的墨水瓶设置 Alpha 为 50%，右边的墨水瓶设置 Alpha 为 5%，如图 9-16 所示。绘制一个外光晕，用"椭圆工具"进行绘制，并用【Ctrl+G】快捷键将其组合。接下来绘制一个内光晕，颜色浓度比外光晕较深，同样在颜色面板中，设置填充色，类型为"径向渐变"，颜色为白色，左边的墨水瓶设置 Alpha 为 100%，右边的墨水瓶设置 Alpha 为 50%，绘制一个比外光晕要小的内光晕，并用【Ctrl+G】快捷键将其组合，将两个光晕圆心对齐。接下来，在菜单栏上选择"插入|新建元件"命令，"类型"为图形，命名为"光线"，绘制光线图形，用"椭圆工具"绘制细长的椭圆，并将其进行组合。选中细长的椭圆，打开变形面板，旋转30°，并单击多次重制选区和变形，就可以复制出不同角度的椭圆，放置到光晕中心，并使用"任意变形工具"，将光线调整为长短不一的效果，如图 9-17 所示。

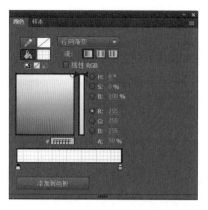

■ 图 9-16　放射状颜色的设置

■ 图 9-17　光芒的绘制

（7）制作光芒动画的影片剪辑。在菜单栏上选择"插入"|"新建元件"命令，"类型"为影片剪辑，命名为"光芒闪耀"，此影片剪辑分为两个图层，分别为"光晕"和"光线"，光线由小变大并旋转180°，光晕则是一个边缘非常细的圆圈，作由小变大的运动，"光芒闪耀"影片剪辑的时间轴设置如图9-18所示。

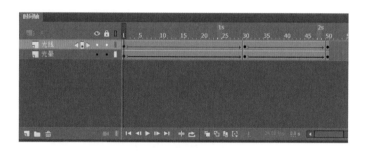

■ 图 9-18　光芒闪耀的影片剪辑时间轴设置

（8）插入按钮元件，制作导航链接。在菜单栏上选择"插入"|"新建元件"命令，"类型"为按钮，命名为"导航按钮"，在时间轴上的"弹起"帧，绘制一个深蓝色长条矩形，在时间轴上的"指针经过""按下"和"点击"分别插入关键帧，如图9-19所示。这样4个帧上显示的都是深蓝色长条矩形，为了在指针经过时，按钮稍微有些动态变化，将"指针经过"帧上的长条矩形颜色调整为墨绿色，这样，按钮就有了动态变化。

■ 图 9-19　按钮的制作

（9）将所有元件整合。在场景1当中，建立图层"背景""光芒闪耀""地球""文字效果""导航按钮"，将各影片剪辑元件和按钮元件按照对应的图层放置好，时间轴设置如图9-20所示，效果如图9-21所示。由于"文字动画"影片剪辑设置了淡入的效果，第一帧是完全透明的，Alpha设置为0，所以在场景1中看不到文字内容，不要担心，按【Crtl+Enter】快捷键测试影片，即可看到所有动画内容。

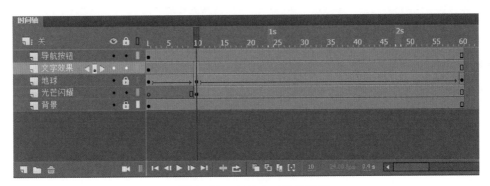

■ 图 9-20　场景 1 时间轴设置

■ 图 9-21　效果展示

（10）输入导航文字，之前制作了按钮元件，并未给导航按钮元件输入文字，在场景1中，找到导航按钮所在图层，使用"文本工具"分别输入文字"首页""公司简介""业务介绍""联系我们"，将字体设置为"隶书"，颜色为白色，最终效果如图9-22所示。

■ 图 9-22　最终效果

（11）发布影片。按【Ctrl+Enter】快捷键测试影片，或选择菜单栏上"控制|测试影片"命令进行测试，发现问题及时修改，直到修改满意为止。

　　将影片发布成为.swf格式，把该Animate影片嵌入到网页框架中，成为网页版头。还需要设置导航栏上的链接，待网页子页面制作完成后，将子页面的超链接加入到各个按钮中，实现页面的跳转。

按钮的超链接设置方法如下：

1．在按钮上右击，选择"动作"命令。

2．打开动作面板，输入以下代码：

```
function gotoAdobeSite(event:MouseEvent):void
{
var youURL:URLRequest = new URLRequest ("网站地址");
navigateToURL(youURL);
}
按钮名称.addEventListener(MouseEvent.CLICK, gotoAdobeSite);
```

其中，超链接的名称以实际的网页链接名称为准。

本 章 小 结

　　本章学习了网页版头的设计原则和制作技巧。一个网页是否能在第一时间抓住人们的眼球，网页版头在其中起着关键的作用。一个好的网页版头，具有合理的区域分配，正确的色彩搭配，符合网站风格的构图，以及凸显网站内涵的文字字体等。用 Animate CC 来制作网页版头，要做到自然流畅，符合人们的视觉习惯，不能太花哨太喧嚣。

　　在"某科技公司网页版头"实例的制作过程中，学习了图片、文字、按钮的元件制作，以及多种元件的动画组合。通过图形元件透明度的设置，制作出淡入淡出效果。学习了如何制作按钮元件，并多次复制制作导航栏，通过编写 Action Script 3.0 代码，实现按钮超链接的跳转功能。

　　用 Animate 制作网页版头，是网页设计工作中最常见的一项工作，读者还可以通过其他实例来加强练习，为网页增添更多的活力。

课 后 检 测

一、单项选择题

1．在颜色搭配上，将黄色和绿色称为（　　　　）。

　　A．互补色　　　　　　B．邻近色　　　　　　C．同色系　　　　　　D．对比色

2．Animate CC 也有抠图的功能，使用工具箱中的（　　　　）工具可以将某种颜色一次性删除掉。

　　A．橡皮擦工具　　　　B．套索工具　　　　　C．滴管工具　　　　　D．钢笔工具

3．在网页版头的构图上，标题文字居中，分别把主题元素环绕在文字周围，属于（　　　　）构图。

　　A．居中辐射式　　　　B．左右式　　　　　　C．倒三角式　　　　　D．斜线式

4．测试影片的快捷键为（　　　　）。

　　A．Ctrl+T　　　　　　B．Ctrl+Enter　　　　　C．Ctrl+Alt　　　　　D．Ctrl+G

5．网页版头的色彩数量一般控制在（　　　　）种之内。

A. 6　　　　　　　B. 1　　　　　　　C. 3　　　　　　　D. 5

6. 绘制诸如小球、光芒的图形，用（　　　）类型的颜色填充。

A. 线性　　　　　　B. 纯色　　　　　　C. 放射状　　　　　　D. 纯色

二、填空题

1. 一般将网页版头的区域划分为_____、_____和_____。

2. 字体安装的路径为_____。

3. 为了在任意一台计算机中，都能正常显示新安装的字体，必须将文字进行_____，使之为矢量图。

4. 按钮元件的时间轴上，有4个帧，分别为_____、_____、_____和_____。

三、课后检测题

请设计一个自己学校或系部网站的网页版头，遵循网页版头的构图原则和色彩搭配原则，尺寸自定，作品发布为.swf格式。可参照本微课视频进行学习。

请扫一扫获取
相关微课视频

第 *10* 章

交互动画制作

◎ 课前学习任务单

学习主题：交互动画的相关概念。

达成目标：了解交互动画的背景、优势及特点。

学习方法建议：在课前对 10.1 节的内容进行学习。

◎ 课堂学习任务单

学习任务：制作《毕业季，回顾校园》交互动画。

重点难点：脚本设计与按钮的代码编写。

课后检测：完成交互动画的其他场景的制作，完成《青花瓷》MV 制作。

10.1 课前学习——交互动画的相关概念

10.1.1 交互动画的背景

任何一种艺术形式的出现都不会是脱离其生长环境和对科学技术的依赖，交互动画也如此。交互动画的出现，是伴随着各种计算机及网络交互技术的产生和发展而逐渐形成的、一种新兴的数字化的动画表现形式，可交互是它的基本特征。交互动画最初的定义是指在动画作品播放时支持事件响应和交互功能的一种动画，动画在播放时是可以接受某种控制的：可以分为动画播放者的某种操作或者是在动画制作时事先准备的操作。交互功能让观众从动画之外的"他者"变身成为"参与者"或者"掌控者"。这种交互性使得观众可以参与和控制动画播放的内容，使观众由被动接受变为主动选择。

交互动画中的交互是自由和灵活的，如今的交互动画可以说是动画和交互设计的结合而同时又具有艺术美和设计性的，并还增加了人与物的互动性，极大程度地优化和提高了用户体验，使用户在互动环节中变得更具主动性。

交互动画是 Animate CC 软件区别于其他二维制作软件最重要的一个特征，是 Animate CC 动画制作的基础类型之一，被广泛地应用到网页设计、教学课件等方面，其凭借着操作简单、互动性强的优势，一直都是动画设计的良好选择。如今 Aimate CC 动画经历了从使用 Animate CC 绘图工具和其他工具到使用框架，再从使用组件到层、场景设置、声音插入到设置动作脚本，再到创建综合示例的过程。Aimate CC 交互动画制作中存在一定的实用技巧，可以很好地提高制作的质量和效率。

10.1.2　交互动画的优势

1．易于感知和记忆

对目前市面上的设计作品特点进行分析不难发现，但凡是异性元素作品，均有着明显的特殊性质，能够使观者产生深刻的记忆。

例如可以使用动态元素，众所周知，动态的元素往往要比静态的元素更加富有趣味性，更吸引人们眼球。设计者可以在静态展示环境、信息量较大的图形环境、文字内容环境中对动态元素进行灵活运用，并以此来提高用户对视觉传达设计作品的记忆、感知，便于传达内容信息，充分发挥视觉传达设计的作用。

2．较强的目的性

一般动画特效的应用具有很强的目的性，是为了解决交互过程中存在的问题。例如，翻页效果是电子书比较常见的一种交互动画。

3．较强的视觉冲击力

视觉设计与动画有机结合起来，可以使交互性的表现更加生动，更具有活力，不仅目的性很强，而且给观者带来的视觉冲击效果也比较强。

4．便于用户筛选信息

对于交互动画的制作，可以突出动画中的视觉重点，达到提高信息传达的效果，动画可以更吸引眼球。所以说，在动画作品中融入交互性，可以将需要传达的信息快速传递出去。此外，还可以改变信息、画面的状态，有效传达重要信息，提升图像文字信息的交互性，便提升了重点信息的传递速度。

5．增强界面视觉效果

随着现代经济的不断发展，人们生活水平的不断提高，促使科技也在不断地发展壮大，各种科技产品的普及，智能终端也逐渐走进了家家户户。由于智能终端的普及，用户对于终端的设计审美要求也不断提高。就目前市场火热的扁平化设计风格来说，它的流行趋势是化繁为简，但也会存在一定的缺陷，过于去除冗余和繁杂后难免会陷入呆板的状态，为了满足智能终端日益增长的需求，在界面设计中便可以应用交互动画，可以使原本缺乏设计感的扁平风界面趋于活泼生动，增强了界面视觉效果，还促进了与用户之间的互动交流。

10.1.3 Animate CC 交互动画特点

Animate CC交互动画或者也称之为Animate CC交互动画，简单地来说就是指在各类视频动画播放时观看者、动画和视频之间有交互作用，也就是说，播放时可以被执行某项操作或者指令。这些指令和操作是由观看视频和动画的观看者来执行的，也可以在动画或者视频播放前执行的操作或者指令。Animate CC交互动画的交互性特点给观看者一个控制观看视频或者动画的权利和机会，使观看者由只能观看和接受到能够控制动画或者视频的进行，实现了动画由单向作用到双向作用的转变与过渡。观看者可以利用单击按钮的方式实现对动画或者视频的控制和操作，这就是Animate CC交互动画的内容和基本特点。

Animate CC交互动画的大小一般在10MB～1000MB之间不等，而动画的内容表现形式极其夸张，能让观看者得到精神上的极大享受和体验。Animate CC交互动画利用到了矢量图，以及压缩手段使得其在网络上的传播更加地便捷而倍受青睐；再者，Animate CC交互动画的感染力强，容易勾起观看者的情绪，这使得Animate CC交互动画在内容的渲染力上比其他形式的动画和视频更胜一筹；最重要的是，Animate CC交互动画具有交互性，这是其他形式的视频所没有的，观看者不再仅仅局限于单纯地观看和接受，而是拥有了自主选择的权利，能够对Animate CC交互动画产生个人的反作用，也就是说观看者拥有控制视频或动画的权利，这使观看者由只能观看和接受到能够控制动画或者视频；更值得一提的是，Animate CC交互动画的制作方法十分简单，上手容易。只要学会方法谁都可以操作，而且耗费的人力、物力、财力少。对于如今资源传播快，信息流通广泛的新移动媒体来说，这无疑是个巨大的优点。

10.2 课堂练习——《毕业季，回顾校园》交互 MV 制作

项目灵感来源于毕业季。仲夏鸣蝉，栀子花开，又到一年毕业季。当青春的影子越拉越长，当我们往天空用力抛去学士帽，当毕业照清脆的快门将我们定格在这里，我们在这座美好校园的青春也从此画上了感叹号。项目围绕"毕业季，回顾校园"为主题，再现校园风光，通过跳转代码的应用，半引导半交互的重现校园风光。

请扫一扫获取
相关微课视频

10.2.1 脚本设计

序号	场景	镜头描述	交互设计	音乐
1	首页	1 出现"毕业季"字样后，渐白消失 2 毕业季主题图片从下到上推拉出现，并从落下花瓣 3 出现"回顾校园"按钮	指向场景：大门	三班王强——青涩的时光时光 .mp3
2	大门	1 从中心向外缓慢放大校园大门全景 2 出现指示箭头与回到首页按钮	指向场景：首页、教学楼、中庭	
3	教学楼	1 静态呈现教学楼外景	指向场景：首页、大门、实现实验楼、食堂	

续表

序号	场景	镜头描述	交互设计	音乐
4	食堂	1 静态呈现食堂内场景	指向场景：首页、教学楼、食堂内场景	
5	实验楼	1 静态呈现实验楼外景	指向场景：首页、教学楼、图书馆、食堂、实验楼走廊、图书室	三班王强——青涩的时光时光 .mp3
6	中庭	1 静态呈现中庭外景	指向场景：首页、大门、体育馆、食堂	
7	体育馆	1 静态呈现体育馆内景 2 篮球从左下角斜入	指向场景：首页、中庭	
8	图书馆	1 静态呈现图书馆外景	指向场景：首页、教学楼、图书馆内场景	

10.2.2　准备工作

素材准备：青涩的时光时光 .mp3 文件，脚本场景所需图片文件以及按钮文件。项目所需素材全部是从网络获取。图为所用到的图片素材、图为设计的按钮素材。

（1）新建文档：新建一个 ActionScript 3.0 文档，尺寸为 550 像素×400 像素，帧频率为 24.0fps，背景置为白色，并将文档进行保存，起名为毕业季。

（2）添加场景：在菜单栏中，单击窗口—场景，调出"场景面"板，在面板左下角，单击添加场景按钮直至文档中有 8 个场景，并对每个场景用字母重新命名，如图 10-1 所示。

（3）将素材拖入库中，并将各场景背景图片拖入对应场景舞台中，方便后期制作过程中进行代码的测试。

■ 图 10-1　动画场景

（4）代码知识：在本项目案例中，用到的 ActionScript 3.0 语句主要有 2 句。即控制播放语句与跳转到场景语句。

this.stop() 方法控制场景播放，使用该方法时，表示当光标播放到当前帧时，场景停止播放。

跳转到场景语句，其一般格式为：

*事件目标*addEventListener（*所侦听的事件类型，需执行的事件处理函数*）;

例如：

```
this.c1_btn.addEventListener(MouseEvent.CLICK, tz9)
function tz9(event: MouseEvent) {
    this.gotoAndStop(112,"sy")
}
```

该段代码表示，当鼠标单击"c1_btn"实例时，执行事件处理函数"tz9"。this.gotoAndStop(112,"sy") 表示跳转到场景"sy"的第 112 帧处。

c1_btn 为实例名称，实例一般是元件，包括影片剪辑元件、图形元件与按钮元件，添加实例名称的方法为，选中该元件，在"属性"面板中添加实例名称。如图 10-2 所示。

■ 图 10-2　元件实例名称设置

定义事件处理函数格式如下：

```
function 事件处理函数名(事件类型)
{// 此处是为响应事件而执行的动作。}
```

其他一些监听事件类型：

■ CLICK——鼠标点击目标对象时触发。

■ MOUSE_OVER——鼠标移动到目标对象之上时触发，可以用于模拟按钮的mouse over效果。

■ MOUSE_MOVE——鼠标在目标对象之上移动时触发，主要用于判断。比如判断在拖动实例时，实例是否在允许的范围之内，如果超出，立刻停止拖动或者重新设定实例的坐标。

■ MOUSE_DOWN——鼠标在目标对象之上按下时触发。注意，只有按下鼠标左键时才会触发，右键和滚轮都不会触发。在目标对象之外按下鼠标左键，再移动到目标对象之上时，也不会触发。

■ MOUSE_UP——鼠标在目标对象之上松开时触发。

■ MOUSE_OUT——鼠标移动到目标对象之外时触发。

■ MOUSE_WHEEL——鼠标在目标对象之上转动滚轮时触发。

10.2.3　首页场景制作

首页场景（sy）总计由5个图层构成，分别是"毕业季"文字层，首页背景图片层，按钮层、花瓣装饰层以及音乐层。全场合计200帧，如图10-3所示。

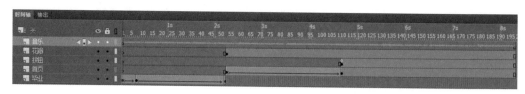

■ 图 10-3　首页场景（sy）图层设计

（1）"毕业季"文字层制作：将"毕业季"图片制成影片剪辑元件，将元件拖入sy场景中，摆放到舞台合适位置，并于舞台居中对齐。图层重命名为"毕业"，如图10-4所示。

■ 图 10-4　"毕业季"文字层制作

在第10帧添加关键帧，用自由变换工具，按住【Shift】键，将元件稍微等比拉大些，在区间插入传统补间动画形成慢慢放大的效果。

在第52帧添加关键帧，选中元件，在"属性"面板中将第52帧的 Alpha 值设置为0，在区间插入传统补间动画形成文字渐渐消失效果。场景设计如图10-5所示。

（2）首页层制作：在毕业季图层上新建图层命名为为首页，将"首页"图片制成影片剪辑元件，在第54帧处插入空白关键帧，将元件拖入场景中，头端与舞台上端对齐，在112帧处插入关键帧，按【Shift】键直线往上移动元件，使元件底部与舞台下端对齐，做从下往上的移入的动画（54-112帧）。延续帧状态到第200帧。如图10-3所示。

■ 图 10-5　"毕业季"场景设计

（3）按钮层制作：在首页图层上新建图层命名为按钮，新建按钮元件命名为"回顾校园"，按钮状态设置如图10-6所示。在图层54帧处插入空白关键帧，将该按钮元件置于舞台右下角，并延续关键帧至200帧。效果如图10-7所示。

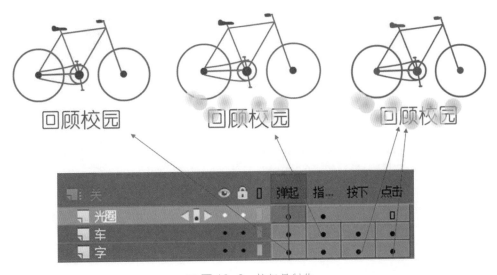

■ 图 10-6　按钮层制作

（4）花瓣层制作：在按钮图层上新建图层命名为花瓣，如图10-3所示。新建两个影片剪辑元件命名为"花瓣"与"花瓣背景"，在花瓣元件中，用"铅笔工具"绘制花瓣形状，并填充颜色，如图10-8所示。在花瓣背景元件中，制作若干花瓣从上往下落的引导层动画效果，落到底下时，花瓣消失（1-55帧），效果如图10-9所示。

■ 图 10-7 按钮元件在场景中的应用

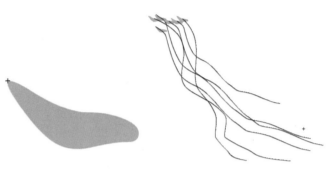

■ 图 10-8 花瓣元件设计

■ 图 10-9 花瓣元件在场景中的应用

返回花瓣图层，在第54帧处插入空白关键帧，将3个花瓣背景图图层置入舞台左上角，延续帧到200帧。

（5）添加音乐：新建一个图层，命名为音乐。将我们准备的mp3导入元件库中，直接将音效拖入新建的图层，图层关键帧延续到第200帧与其他图层对齐，如图10-3所示。

（6）添加代码：光标放到112帧处，选中按钮，在"属性"面板处给按钮添加一个实例名称"hg_btn"，如图10-10所示。在按钮图层112帧处右击，添加动作，添加代码，如图10-11所示。

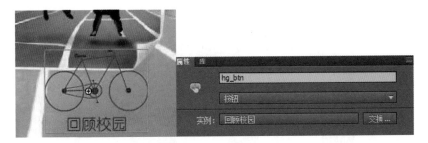

■ 图 10-10　给按钮添加实例名称

```
当前帧
按钮:112                                      🔖 ⊕ 🔍 ≣ <> ❓   使用向导添加
1
2     this.stop()
3
4     this.hg_btn.addEventListener(MouseEvent.CLICK, tz)
5     function tz(event: MouseEvent) {
6         this.gotoAndPlay(1,"dm")
7     }
```

■ 图 10-11　给按钮实例 "hg_btn" 添加代码片段

动作添加成本后，在时间轴该帧处显示标记 "a"，如图 10-12 所示。首页制作完毕后，按【Ctrl+Enter】快捷键测试场景，查看单击按钮后场景是否跳转到"dm"这个场景。注意，若 dm 这个场景只有一帧，此时测试可能会跳转得很快，有可能会无法察觉是否跳转，建议将 dm 场景的帧时间延长些后在进行测试。

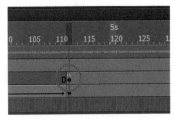

■ 图 10-12　添加代码片段后显示

10.2.4　大门场景制作

大门场景（dm）总计由 5 个图层构成，场景设计如图 10-13 所示。该场景主要用到的动画效果背景图层缓慢缩小运动。调整方法为：选中背景图层元件，在第 1 帧与第 40 帧插入关键帧，选中将第 40 帧，将背景图层元件用自由变换工具稍微缩小一些，区间添加传统补间动画。场景画面设计如图 10-14 所示。

■ 图 10-13　大门场景设计

■ 图 10-14　场景画面设计

（1）按钮元件制作：新建图形元件，绘制图形，并将其命名为左箭头与右箭头，如图 10-15 所示。

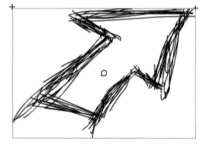

■ 图 10-15　箭头按钮设计

新建按钮元件，命名为"教学楼1"，将右箭头拖入舞台，设置按钮元件状态如图 10-16 所示。左箭头命名为"教学楼2"，执行类似操作，将文字替换为"教学楼"。

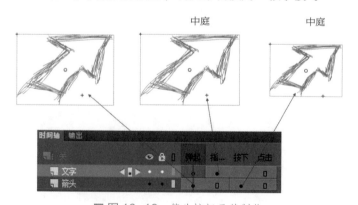

■ 图 10-16　箭头按钮元件制作

将橙片按钮命名为"返回首页"设置如图 10-17 所示。完成设置后，复制一个橙片按钮元件，命名为"返回按钮"，替换文字为"返回"，以方便后面的场景使用。

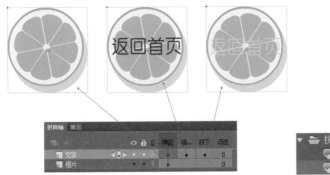

■ 图 10-17 返回按钮元件制作

（2）添加代码：在添加代码前，首先要将按钮元件进行实例命名。操作方法为，选中该按钮，在"属性"面板中添加实例名称。教学楼1元件实例名称为：zt_btn，教学楼2元件实例名称为：jx2_btn，橙片按钮元件实例名称为：sy_btn，如图10-18所示。

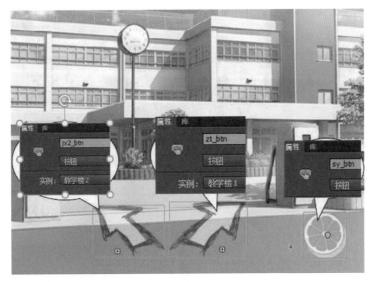

■ 图 10-18 按钮元件在场景中的应用

在代码图层的第1帧与最后一帧第42帧添加代码，操作方法是，时间轴第1帧，右击选"动作"命令，调出"动作"面板，在面板中添加代码，如图10-19所示。

```
this.sy_btn.addEventListener(MouseEvent.CLICK, tz02)
function tz02(event: MouseEvent) {
    this.gotoAndStop(112,"sy")
}


this.jx2_btn.addEventListener(MouseEvent.CLICK, tz03)
function tz03(event: MouseEvent) {
    this.gotoAndPlay(1,"jx2")
}

this.zt_btn.addEventListener(MouseEvent.CLICK, tz06)
function tz06(event: MouseEvent) {
    this.gotoAndPlay(1,"zt")
}
```

```
this.stop()
this.sy_btn.addEventListener(MouseEvent.CLICK, tz2)
function tz2(event: MouseEvent)
    this.gotoAndStop(112,"sy")
}


this.jx2_btn.addEventListener(MouseEvent.CLICK, tz3)
function tz3(event: MouseEvent) {
    this.gotoAndPlay(1,"jx2")
}

this.zt_btn.addEventListener(MouseEvent.CLICK, tz6)
function tz6(event: MouseEvent) {
    this.gotoAndPlay(1,"zt")
}
```

■ 图 10-19 按钮元件添加代码片段

代码控制的是 3 个按钮的指向，第 1 帧与第 42 帧不同点在于：第 42 帧代码多出一条"this. stop()"语句，用于控制场景在第 42 帧处停止播放，不要自动转到下一个场景。

10.2.5　教学场景制作

教学楼场景（jx2）总计由 6 个图层构成，如图 10-20 所示，场景设计如图 10-21 所示。场景不设置动画效果，每个图层 1 个关键帧即可。

■ 图 10-20　教学场景画面　　　　　　　■ 图 10-21　教学场景时间轴设计

（1）按钮元件制作：新建影片剪辑元件，绘制形状，并将其命名为"圆"，做一个动态的圆形 icon。然后将该影片剪辑元件制作成按钮，命名为"点"。如图 10-22、图 10-23、图 10-24 所示。

■ 图 10-22　按钮元件"圆"的时间轴

■ 图 10-23　按钮元件"圆"设计　　　　■ 图 10-24　按钮元件"圆"在场景中画面

（2）添加代码：场景中有 4 个按钮，分别指向首页、大门、实验室以及食堂这 4 个场景，所以在添加代码前，首先要将按钮元件进行实例命名，如图 10-25 所示。

■ 图 10-25 给按钮添加实例名称

在代码层添加代码，如图10-26所示。

```
当前帧
代码:1
1
2    this.stop()
3
4    this.c1_btn.addEventListener(MouseEvent.CLICK, tz9)
5    function tz9(event: MouseEvent) {
6        this.gotoAndStop(112,"sy")
7    }
8
9    this.c2_btn.addEventListener(MouseEvent.CLICK, tz10)
10   function tz10(event: MouseEvent) {
11       this.gotoAndStop(40,"dm")
12   }
13
14   this.c3_btn.addEventListener(MouseEvent.CLICK, tz11)
15   function tz11(event: MouseEvent) {
16       this.gotoAndStop(1,"syan")
17   }
18
19   this.c4_btn.addEventListener(MouseEvent.CLICK, tz44)
20   function tz44(event: MouseEvent) {
21       this.gotoAndStop(1,"st")
22   }
23
```

■ 图 10.26 给按钮添加代码片段

c1_btn按钮指向首页sy场景的第112帧，c2_btn按钮指向大门dm场景的第40帧，c3_btn按钮指向实验室syan场景的第1帧，c4_btn按钮指向食堂st场景的第1帧。

本 章 小 结

本章学习了交互动画的制作，通过学习分镜头脚本、场景制作、声音插入及代码编写的方法，可以了解制作交互动画的整个流程。交互动画增加了人与物的互动性，极大程度地优化和提高了用户体验，使用户在互动环节中变得更具主动性。

课 后 检 测

1.《毕业季，回顾校园》交互MV其他场景的制作方法如同前面讲过的3个场景，读者可参照二维码的场景效果，制作出其他场景，将案例补充完整。在制作的过程中，每一场景均需多次按【Ctrl+enter】快捷键进行测试，并及时调整，最后发布影片为.swf格式。

2. 完成《青花瓷》MV制作，该练习需要运用多种高级动画——遮罩层动画、引导层动画，以及创建多种类型元件来完成，本练习的难点是音频、音效、字幕和画面的同步，实例中的图层较多，如何管理图层内容也是对读者的一种考验。

请扫一扫获取
相关微课视频

第 *11* 章

广告动画制作

◎ 课前学习任务单

学习主题：广告动画的设计原则。

达成目标：了解广告动画的分类、特点及优势。

学习方法建议：在课前对11.1节的内容进行学习。

◎ 课堂学习任务单

学习任务：制作《小迷糊》交互动画。

重点难点：动画图层的命名和整理，影片剪辑的应用。

课后检测：完成某个主题的广告动画制作；完成天猫"双十一"广告banner制作。

11.1 课前学习——广告动画的设计原则

随着网络与多媒体技术的发展，以动画为主要表现形式的广告越来越多地出现在人们的视野中。广告动画融合了文字、图像、声音、视频，甚至融入交互等媒体信息，能够综合调用人的多种感官来进行信息的传递。几秒到十几秒的动画广告形式，不仅具有趣味性，还容易被大众所接受，与传统广告形式比较，其又具有着传递产品信息速度快，宣传优势强，针对性强等几大优势。

11.1.1 广告动画的分类

就目前市场上广泛传播的动画广告从制作技术上可分为以下五大类：二维动画、三维动画、MG动画、定格动画、IP动画以及交互动画。这些动画类型都可单独成篇或融于实拍广告之中。广告动画以其有趣可爱的形象，新颖的设计形式，交互式体验，深受用户的欢迎。

二维动画广告：二维动画广告对比传统广告给观众一种更为亲切的感觉，拍摄制作的成本也比较低，所以在想要做广告的公司企业之中更受欢迎。对于产品广告或者是演绎品牌故事的广告，二维广告比较适用。

三维动画广告：三维动画广告可以将现实拍摄所受到的局限性进行很大程度上的扩展和延伸，规避了现实拍摄的不良之处；还可以将画面的呈现富有立体感，添加上科技的效果，使得观众眼前展现出更为真实立体的产品效果。对于产品广告或者是楼盘宣传广告，三维动画广告比较适用。

MG 动画广告：在所有的动画广告形式之中，国内运用相对比较广泛的就是 MG 动画广告。MG 动画广告在介绍产品的功能价值上更为具体全面，且画面的呈现更为幽默，更富趣味性，较大的提升了广告画面的可读性。对于介绍产品功能的广告或者是介绍企业、事业单位的广告，MG 动画比较适用。

定格动画广告：定格动画广告就是采取逐帧拍摄的手法的动画。定格动画的特点就是夸张、风趣和简约的风格，能带领观众进入多彩的广告世界，最大程度的吸引观众，加深记忆点。定格动画比较适用于电视广告和网络广告之中。

IP 动画广告：IP 动画广告指的是以有较大热度的动漫角色为代言人的广告，最近几年，许多国产动漫崛起，国产动漫里的主角也拥有较高的人气，在广告中加入国产动漫的 IP 人物，能引起粉丝效应，能最大限度地发展推广效果。

交互动画广告：2014 年以来，随着 HTML5 技术的发展，交互式广告动画取得了巨大的发展，尤其是在互联网移动终端上体现得尤其明显，这种让观众参与到传播过程当中的方式让整个广告行为具有了一定的游戏性，这样能调动观众的积极性，激发其兴趣，从而实现良好的传播效果。这种独特的形式，观众已不仅仅是旁观者，而是能参与到广告中去，体现了设计者对参观者的人文关怀。

11.1.2　广告动画的特点

夸大性：相对于传统广告具备的写实性，动画广告则具有天马行空的想象力和独特的创造力，可以很夸张地表现出广告所要传达的信息，这是传统广告难以做到的。

生动性：动画广告中的卡通人物形象给人眼前一亮的感觉，独具一格且更加生动，还富有新颖的元素，可以让观众一边欣赏一边接受明确的产品价值和产品信息。

奇特性：每一个产品都有其独特的特点，而对于那些难以呈现出来的特点，动画广告可以轻松地展现出来，在原有的特点上进行延伸拓展，突破技术难关。

吸引力：在如今经济全球化的时代之中，动画广告可以第一时间抓住观众的眼球，打破传统的框架，刺激观众的视听感觉，给观众营造新鲜的氛围和感受。

时髦性：在新媒体时代的发展下，多媒体技术变得更加的多元化，动画也随之发展起来且一直在引领时代的潮流，当最新的多媒体技术与最为时髦的动画元素组合在一起，共同打造出了时尚亮丽的风景。

11.1.3　广告动画的优势

吸引观众、打造品牌形象：广告首先第一点要做到的就是广而告之，所以要在第一时间吸引消费者的注意力，从而对消费者产生其他较好的影响，使用卡通形象来做代言，可以树立品牌的形象，让观众记住形象的同时又能记住广告内容。

成本降低、时效较长：动画广告制作的形象与场景相较于现实拍摄的广告，制作成本往往低很多，这样可以大大地降低客户的成本投入。

表演形式丰富：在传统广告之中，有许多真人难以演绎的夸张表演，而动画广告则可以做到这一点，并且能加入更多的亮点，促进广告的宣传活动。

限制较少：动画广告有着奇特的艺术表现形式和夸张独特的创意表现，能够不受拍摄时间、地理位置、表演空间的限制，给消费者带来一场精彩的视觉盛宴，且可以跨越广泛的多元文化。

广告的目的就是表达产品的价值信息，广告文案是观众对于广告内容的直观了解，一个优秀的广告文案，可以将枯燥的文字变得更为有趣和幽默，文案的内容越简单、全面，所形成的传播效果就会越好，就可以被更多的观众所记忆。因为动画广告一般较短，所以想要清晰地表达好内容，就要依据文案内容构思绘制好分镜头，然后再依据草图来进行设计和制作，构成有序的画面。下面以某大赛命题的广告动画《小迷糊》制作为例子，说明该广告动画的制作思路。

11.2 课堂练习——广告动画《小迷糊》制作

广告灵感来源于小迷糊不喜欢精明、世故、复杂，内心纯净简单，真实自然，天真烂漫。基于这样的情感基调，想带给大家简单、愉悦的护肤体验。小迷糊面膜的核心精神：真诚最嗨森，套路都拜拜！口头语："我是小迷糊，简单不套路！"，"小迷糊"这个视频广告就是想通过一个短视频围绕品牌理念和产品卖点，结合年轻群体的喜好或行为方式，吸引目标受众体验、接受及购买产品，与其建立情感联系，鼓励年轻群体青春时尚，充满活力，倡导健康乐观，积极向上的生活方式。

请扫一扫获取
相关微课视频

11.2.1　脚本与分镜

场景	时间	景别	内容	字幕	备注
1	3s	全景	背景：房间 画面由大逐渐缩小，小迷糊坐在梳妆台前	—	片头
2	6s	中景	小迷糊坐在梳妆台前看着自己，为肤质差而烦恼。画面从远到近至小迷糊脸部特写	不管使用多少面膜还是护肤品，我的皮肤还是这么差，我的内心是崩溃的	—
3	13s	全景	（开头延续场景2设计）镜头从近到远，小迷糊走在路上，不小心掉到了坑里	—	转场
4	2s	全景	小迷糊掉落过程，表情惊恐	—	—
5	6s	远景	小迷糊掉到迷糊王国，灰尘四起	—	—
6	10s	全景	小迷糊打开眼睛，看到迷糊王国的管家文静，文静向小迷糊打招呼	嗨，你好！我叫文静。欢迎来到迷糊王国。咦，你的皮肤怎么这么差。我有办法，快跟我来	小迷糊眨眼视觉

场景	时间	景别	内容	字幕	备注
7	7s	全景	文静向小迷糊介绍鲜彩水养润肤面膜	"注"入到肌肤内的补水力、水养润肤、富含玻尿酸	—
8	8s	全景	（延续场景 7 设计）文静向小迷糊介绍鲜彩平衡控油面膜	净化肌肤的控油力、平衡控油、富含 +Sebaryl FL LS 9088（复合控油成分）	—
9	6s	全景	（延续场景 7 设计）文静向小迷糊介绍鲜彩焕肤提亮面膜	肌肤内的补水力、水养润肤、富含玻尿酸	—
10	3s	近景	听完文静介绍面膜的功效后，小迷糊两眼放光	哇！魔鬼，买它！买它！买它！	—
11	6s	全景	背景：面膜 小迷糊从右往左走进来	小迷糊 时尚、新奇、有趣	—
12	2s	全景	小迷糊进阶鲜嫩活力女神	THE END	片尾

场景设计：

11.2.2　场景 1 制作

　　场景 1 总计由 5 个图层构成，分别是背景层、人物层、桌子层、椅子层及音效层，如图 11-1 所示。其中背景层图片来源于网络，其余层素材均在影片剪辑元件进行绘制，新建元件后用矩形工具、圆形工具以及钢笔工具绘制图 11-2 所示的内容，并对绘制的形状填充颜色。全场合计 37 帧。

请扫一扫获取

相关微课视频

　　（1）新建文档：新建一个 ActionScript 3.0 文档，尺寸为 800 像素 ×450 像素，帧频率为 12.0fps，背景置为白色。

请扫一扫获取

相关微课视频

■ 图 11-1　场景 1 图层设计

■ 图 11-2 场景 1 的元件设计 ■ 图 11-3 场景 1 的画面设计与所用到的元件绘制

（2）背景层制作：新建图层，命名为"背景"，直接导入库中图片"房间.jpg"至舞台，如图11-3所示。第1帧背景需比舞台大1倍（其余层也如此），在24帧插入关键帧，将背景缩小至舞台大小，1-24帧右击"创建传统补间"，效果为场景逐渐变小，在37帧插入关键帧。

（3）椅子层、人物层、桌子层制作：在背景层上新建3个图层，命名为"椅子""迷糊""桌子"，分别导入库中"椅子""正面迷糊""桌子"元件至舞台合适位置。如图11-4所示。在24帧插入关键帧，调整元件至合适大小，1-24帧右击"创建传统补间"，在37帧插入关键帧。如图11-1所示。

■ 图 11-4 椅子层、人物层、桌子层在场景中的位置

（4）添加音效：新建一个图层，将准备的一段音效mp3导入元件库中，直接将音效拖入新建的图层，音效延续至场景3。在这里需要注意，在场景1中插入的音频若时长大于场景1的帧播放时长，在Animate CC版本软件中该音频是会贯穿其他场景进行播放的。

11.2.3 场景 2 制作

场景2总计由5个图层构成，如图11-5所示，其中背景层素材是在场景中通过直线工具进行绘制，文字层在场景中直接加入，其余层素材均在影片剪辑元件进行绘制，如图11-6和图11-7所示。全场合计72帧。

■ 图 11-5　场景 2 图层设计

■ 图 11-6　场景 2 元件制作　　　　　■ 图 11-7　场景 2 元件画面

（1）背景层制作：背景层在舞台直接通过铅笔工具进行绘制并填充颜色，如图11-8所示。

■ 图 11-8　背景层画面制作

（2）梳妆台层制作：该层主要用到的动画效果为遮罩，新建影片剪辑元件命名为"梳妆台"，在元件中新建4个图层分别命名为"难过的小迷糊""遮罩层""镜子""梳妆台"（图层顺序不可乱）并导入库中"难过的小迷糊""镜子""梳妆台"元件，如图11-9所示。

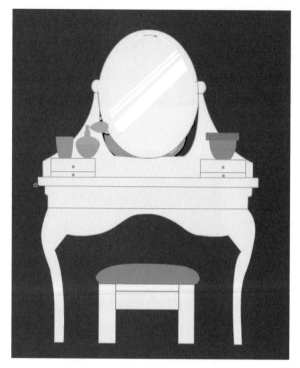

■ 图 11-9　梳妆台层元件制作

在"遮罩层"中用"椭圆工具"绘制一个镜子大小的椭圆（完全盖住镜子），填充颜色，并在图层上右击，在弹出的快捷菜单中选择"遮罩层"命令，将其设置为遮罩层。放至舞台合适位置。效果如图 11-10 和图 11-11 所示。

■ 图 11-10　遮罩效果制作

■ 图 11-11　遮罩效果时间轴

（3）相册层制作：新建影片剪辑元件，命名为"相册"，在元件中新建一个图层命名为"相框"，用"矩形工具"绘制并填充颜色。在相框层上新建一个图层，命名为"小迷糊"，导入库中"正面迷糊"元件至相框中心。

（4）对话框层制作：新建影片剪辑元件，命名为"对话框"，用椭圆、钢笔、线条工具描绘并填充颜色，在12帧处导入舞台延续至第72帧。

（5）文字层制作：新建图层，命名为"文字"。在12帧处插入关键帧使用"文本工具"选择字体调整字体大小和颜色，在对话框上输入第一段文字，延续关键帧至第24帧，在25帧处新建空白关键帧使用"文本工具"选择字体调整字体大小和颜色输入第二段文字，延续关键帧至第37帧，如图11-12所示。

第37-59帧动画效果为逐渐放大，所有图层在第59帧处插入关键帧右击"创建传统补间"，放大至小迷糊脸部特写，如图11-13所示。

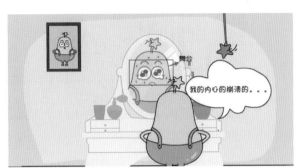

■ 图 11-12　文字层效果设置　　　　　　■ 图 11-13　放大至小迷糊脸部特写

11.2.4　场景 3 制作

场景3总计由4个图层构成，分别是背景层、星星层、镜子层及人物层。其中背景层素材在场景中通过直线、铅笔、椭圆工具进行绘制并填充颜色，其余层素材均在影片剪辑元件进行绘制，全场合计158帧，如图11-14～图11-16所示。

■ 图 11-14　场景 3 时间轴设计

■ 图 11-15　场景 3 元件设置　　　　　　■ 图 11-16　场景 3 元件画面制作

（1）星星层制作：新建影片剪辑元件，命名为"星星"，在元件中新建3个图层分别命名为"星星""星星1""星星2"。以图层"星星"为例，使用画笔工具，颜色类型选择"径向渐变"，调整颜色后使用画笔进行绘制，3个图层绘制后效果如图11-17和图11-18所示。

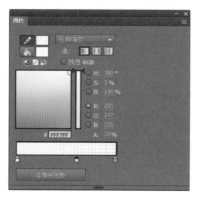

■ 图 11-17　星星层颜色设置　　　　　　■ 图 11-18　星星层画面制作

为了达到星星闪烁效果，需要调整Alpha值和时间轴内的帧数。如图11-19所示。以图层"星星"为例，在第9帧和17帧创建关键帧，在第9帧处调整Alpha值为50%，并在第1-9帧和9-17帧右击选择"创建传统补间"命令，其他图层操作步骤亦如此，但不同层间不可在相同的帧段创建传统补间，如图11-20所示。

■ 图 11-19　星星层闪烁色彩效果设置　　　　■ 图 11-20　星星闪烁效果时间轴

（2）其余层制作：新建4个图层，命名为"背景""星星""镜子""迷糊"，背景层素材是在场景中通过直线、铅笔、椭圆工具进行绘制并填充颜色，其余层均均在影片剪辑元件进行绘制后导入舞台合适位置，如图11-21所示。

■ 图 11-21　场景画面设计

由于场景 3 开头延续场景 2 的画面效果，并完成转场，因此镜子层的第 1-10 帧需消除镜面效果。在第 10 帧处创建关键帧，调整镜子层 Alpha 值，第 1 帧 Alpha 值为 63%，第 10 帧 Alpha 值为 0%，右击选择"创建经典补间"命令，达到逐渐消失效果。"迷糊层"第 1 帧 Alpha 值为 63%，第 10 帧 Alpha 值为 100%，右击选择"创建经典补间"命令，达到渐显效果。

第 10-50 帧为缩小动作，需将所有图层的第 10 帧和第 50 帧处创建关键帧，在 50 帧处将所有图层缩小至舞台大小，并右击选择"创建经典补间"命令，效果如图 11-22 所示。

■ 图 11-22　小迷糊直线运动效果

第 50-143 帧为人物运动效果，首先在元件中绘制小迷糊走路动作，新建两个关键帧调整每个关键帧小迷糊脚的长短即可。其次在场景 3 的第 143 帧处创建关键帧，移动小迷糊至背景层中"坑"的位置，并将小迷糊稍微放大，右击选择"创建经典补间"命令。在第 144 帧处创建空白关键帧，导出库中"惊吓的迷糊"元件放至坑的上方，延续至 158 帧，达到小迷糊掉坑前惊吓的效果，如图 11-23 所示。

■ 图 11-23　小迷糊掉坑前惊吓效果

11.2.5　场景 4 制作

场景 4 总计由 3 个图层构成，分别是背景层、迷糊层和音效层，全场合计 21 帧。如图 11-24～图 11-26 所示。

■ 图 11-24　场景 4 图层设计　　　　　　　　■ 图 11-25　场景 4 元件设计

■ 图 11-26　场景 4 元件画面

（1）背景层制作：背景层素材是在场景中通过"铅笔工具"进行绘制并填充颜色，由于场景 4 为小迷糊从上往下掉过程，因此背景层需做从下往上滑动的效果，首先在第 21 帧处创建关键帧调整背景位置并右击选择"创建传统补间"命令，效果如图 11-27 所示。

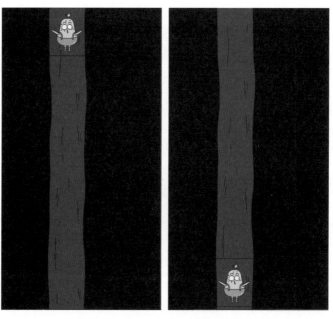

■ 图 11-27　小迷糊从上往下掉效果

（2）迷糊层制作：迷糊层为小迷糊掉落过程双手上下摆动动作，在动画剪辑元件中完成。新建动画剪辑元件，首先在元件中新建两个图层命名为"身体""双手"并进行相对应的绘制，其次在双手层中新建两个关键帧，每个关键帧中双手摆动的幅度不同，以此达到双手上下摆动效果。

（3）添加音效：新建一个图层，将准备的一段音效mp3导入元件库中，直接将音效拖入新建的图层，音效延续至场景5。

11.2.6　场景5制作

场景5总计由4个图层构成，分别是背景层、迷糊层、引导层、黑色背景层以及灰尘层。其中背景层素材图片来源于网络，其余层素材均在影片剪辑元件进行绘制，全场合计72帧。如图11-28～图11-30所示。

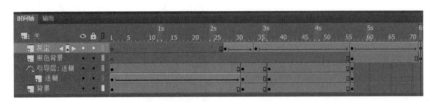

■ 图 11-28　场景5图层设计

■ 图 11-29　场景5元件设计　　　　■ 图 11-30　场景5元件画面设计

（1）背景层制作：背景层素材图片来源于网络，从库中导入图片到舞台合适位置，延长至第56帧。

（2）迷糊层、引导层制作：首先创建图层，命名为"迷糊"，从库中导入"惊吓的迷糊"元件至迷糊层，在图层处右击选择"添加传统运动引导层"命令，在引导层处画出运动轨迹；其次在两层的第31帧处创建关键帧，并将"惊吓的迷糊"拖动至引导层运动轨迹末端，右击选择"创建传统补间"命令；最后在迷糊层第1帧处单击，右边出现"旋转选项"，选择顺时针◇5即可完成小迷糊从上往下旋转掉落动作，延长至第56帧，如图11-31所示。

（3）灰尘层、黑色背景层制作：新建图层，命名为"灰尘"，首先在第27帧处创建关键帧并导入库中"灰尘"元件，延至第34帧，右击选择"创建传统补间"命令，第27~34帧为渐显效果，需调整Alpha值，第27帧Alpha值为0，第34帧Alpha值为100%；其次在第56帧处创建关键帧，将"灰尘"元件放大至整个舞台，右击"创建传统补间"并在34帧处单击，右边出现"旋转选项"，选择顺时针◇1完成灰尘旋转放大动作，效果如图11-32所示。

■ 图 11-31　小迷糊从上往下旋转掉落动作效果设置　　　■ 图 11-32　灰尘旋转效果设计

随后在灰尘层第72帧处创建关键帧并右击选择"创建传统补间"命令，调整Alpha值为0，达到灰尘逐渐消失的效果；最后创建新图层，命名为"黑色背景"，在第56帧处使用矩形工具绘制黑色背景图，延至72帧。

11.2.7　场景6制作

场景6总计由5个图层构成，分别是背景层、管家层、文字层、眼睛层以及音效层。其中背景层素材图片来源于网络，文字层、眼睛层在场景中通过文字工具、直线工具进行绘制，管家层素材在影片剪辑元件进行绘制，全场合计118帧。

（1）背景层制作：背景层素材图片来源于网络，从库中导入图片到舞台合适位置，延长至第118帧，如图11-33所示。

（2）管家层、文字层制作：在背景层上新建两个图层，命名为"管家""文字"，在管家层库中导入"管家"元件至舞台合适位置，延续至第25帧，第26帧处新建空白关键帧，导入库中"管家招手"元件至舞台合适位置，延续至第48帧。第49帧处插入空白关键帧，导入"管家"元件至舞台合适位置，延续至118帧，如图11-34~图11-36所示。

■ 图 11-33　场景 6 图层设计

■ 图 11-34　场景 6 元件设计　　　　　　　　■ 图 11-35　场景 6 元件画面

■ 图 11-36　文字层属性设置

　　在文字层第49帧处插入关键帧，使用"文字工具"选择字体调整字体大小和颜色，输入文字内容。以此操作方法在第61、71、83、97帧处输入文字内容，延续至第118帧。

　　（3）眼睛层制作：该图层动画效果为眨眼。在文字层上新建图层命名为"眼睛"，使用"矩形工具"绘制舞台大小的黑色矩形；在第5帧处插入空白关键帧，使用"矩形工具"绘制舞台大小的黑色矩形，并使用"线条"、"选择工具"绘制眼睛弧度，效果如图11-37所示。

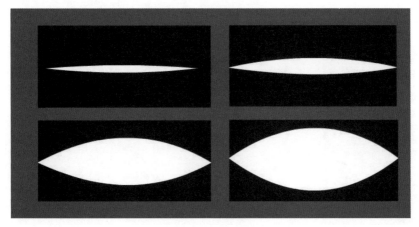

■ 图 11-37　眨眼效果画面

第5-18帧动画效果为眼睛第一次微微张开闭合，从第5帧开始每隔两帧插入一个空白关键帧，描绘眼睛张开闭合过程；第19-25帧动画效果为眼睛第二次张开，从第19帧开始每帧都要插入空白关键帧，描绘眼睛张开过程。

第25帧为眼睛睁最终效果，延续至第111帧。第112帧-118帧动画效果为眼睛闭合过程，按照上面操作过程描绘眼睛闭合过程即可，如图11-38所示。

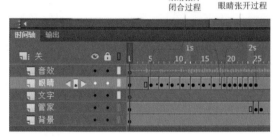

■ 图11-38　睁眼效果时间轴设计

（4）添加音效：新建一个图层，将准备的一段音效mp3导入元件库中，直接将音效拖入新建的图层，音效延续至场景12。

11.2.8　场景7、8、9制作

场景7、8、9动画效果相同。总计由9个图层构成，分别是背景层、动画预设层、面膜层、字体1、2、3、4层、管家层、迷糊层，如图11-39～图11-41所示。其中面膜层素材图片来源于网络并通过影片剪辑元件制作，背景层在场景中通过"文字工具""直线工具"进行绘制并导入库中元件，管家层、迷糊层素材在影片剪辑元件进行绘制。场景7、8全场合计92帧，场景9全场合计83帧。

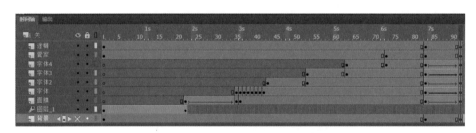

■ 图11-39　场景7、8、9图层设计

■ 图11-40　场景7、8、9元件设计

■ 图11-41　场景7、8、9元件画面

（1）背景层制作：新建图层命名为"背景"，在舞台中通过文字工具、直线工具进行绘制，导入库中元件"翅膀爱心"至舞台合适位置。

（2）动画预设层制作：在背景层上新建图层命名为"图层1"，导入库中"面膜1/ 面膜2/面膜3"元件至舞台合适位置，单击屏幕右上方"动画预设"后再单击"默认预设"，选择"从左边飞入"效果，建立动画预设层，调整动画预设运动轨迹，并设置1-22帧内动作，如图11-42所示。

■ 图 11-42 面膜飞入预设动画

（3）面膜层制作：在动画预设层上新建图层命名为"面膜"。第22-35帧的动画效果为面膜移动至舞台右边同时逐渐缩小，在第22帧处插入关键帧导入库中"面膜1/ 面膜2/面膜3"元件至动画预设层第22帧面膜所在的位置，位置大小均相同，延续至第35帧，右击选择"创建传统补间"命令。第36-83帧动画效果为面膜抖动过程，在第36帧处导入库中"抖动粉面膜/ 抖动绿面膜/抖动黄面膜"元件至上一帧"面膜1/ 面膜2/面膜3"所在的位置，位置大小均相同，延续至83帧。第83-92帧动画效果为面膜渐渐消失（场景9不需要此步骤），在第92帧处插入关键帧，右击选择"创建传统补间"命令并调整Alpha值为0即可。

（4）字体层制作：在面膜层上新建4个图层，分别命名为"字体1""字体2""字体3""字体4"。首先在字体1层第35帧处使用"文字工具"选择字体调整大小和颜色后输入内容，第35-42帧中每帧都需要插入关键帧，使用"文字工具"选择字体调整大小和颜色后输入内容。第42帧的文字内容延续至83帧。

其次在字体2层第43帧、字体3层第53帧、字体4层第63帧处插入关键帧，使用文字工具选择字体调整大小和颜色后输入内容，延续至83帧。画面效果如图11-43所示。

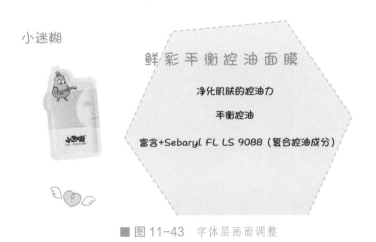

■ 图 11-43 字体层画面调整

第83-92帧动画效果为字体渐渐消失，在第92帧处插入关键帧，右击选择"创建传统补间"命令，并调整Alpha值为0即可（场景9不需要此步骤）。

（5）管家层、迷糊层制作：在文字层上新建两个图层，分别命名为"管家""迷糊"，导入库中"讲话的管家""背面迷糊"元件至舞台合适位置，延长至92帧（场景9延长至83帧）。

11.2.9　场景 10 制作

场景10总计由4个图层构成，分别是背景层、中心圆层、迷糊层及文字层。所有图层均在影片剪辑元件中进行绘制，全场合计43帧。设计效果如图11-44～图11-46所示。

■ 图 11-44　场景 10 图层设计

■ 图 11-45　场景 10 舞台效果

■ 图 11-46　场景 10 元件画面

（1）背景层、中心圆层、迷糊层制作：新建3个图层命名为"背景""中心圆""迷糊"，分别导入库中名为"粉色背景""中心圆""两眼放光的迷糊"元件至舞台合适位置，延至第43帧。

在背景层中动画效果为背景顺时针转动，右击选择"创建传统补间"命令，并单击第43帧处，选择屏幕右方"属性"中的"旋转选项"即可。

（2）文字层制作：在迷糊层上新建图层命名为"文字"，在第1、7、13帧处插入关键帧，分别导入库中"魔鬼""哇""买它！"元件至舞台合适位置，延至43帧。

11.2.10　场景 11 制作

场景10总计由9个图层构成，分别是背景层、四层文字层、走路的迷糊层、三层引导层。其中所有图层均在影片剪辑元件中进行绘制，全场合计65帧。设计效果如图11-47~图11-49所示。

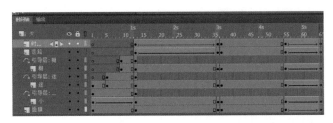

■ 图 11-47　场景 11 图层设计

■ 图 11-48　场景 11 元件设计　　　　■ 图 11-49　场景 11 元件画面

（1）面膜层制作：新建图层命名为"面膜"，使用"矩形工具"绘制舞台大小的白色背景，导入库中"面膜1""面膜2""面膜3"，延续至第55帧。

（2）文字层制作：文字层共有四层，先制作其中三层，动画效果为文字跳动和移动。在面膜层上新建三个图层，分别命名为"小""迷""糊"，在小层第1帧、迷层第5帧、第9帧处分别导入库中"小""迷""糊"元件，图层处右击选择"添加传统引导层"命令，在引导层中使用"铅笔工具"描绘运动轨迹。之后在三个文字图层以及相对应的引导层的第13帧处插入关键帧,三个文字图层右击选择"创建传统补间"命令,第55帧处插入关键帧,如图11-50所示。

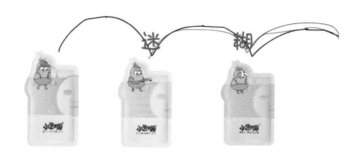

■ 图 11-50　文字层效果设计

(3)走路的迷糊层、第四个文字层制作:在前三个文字层上新建两个图层命名为"走路的迷糊""时尚、新奇、有趣",在第13帧处分别导入库中"走路的迷糊""时尚、新奇、有趣"元件,在第36帧处插入关键帧,将两个元件移动至舞台中心,右击选择"创建传统补间"命令,动画效果为两个元件从右往左移动。第55帧创建关键帧。

第55-56帧动画效果为所有图层渐渐消失,在第55帧和第65帧处插入关键帧,右击选择"创建传统补间"命令并调整Alpha值为0即可。

11.2.11　场景 12 制作

场景12为片尾,总计由3个图层构成,分别是背景层、文字层、迷糊层、全场合计27帧。设计效果如图11-51和图11-52所示。

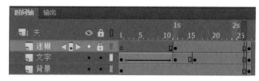

■ 图 11-51　场景 12 图层设计

■ 图 11-52　场景 12 画面效果

（1）新建图层命名为"背景"，使用"矩形工具"绘制背景至舞台大小并填充白色。

（2）在背景层上新建图层命名为"文字"，使用"文字工具"输入内容，第1–12帧为渐显效果，在第12帧处插入关键帧，右击选择"创建传统补间"命令。第27帧处插入关键帧。

（3）在文字层上新建图层命名为"迷糊"，在第12帧处插入关键帧，导入库中"帅气的迷糊"元件，延至第27帧。

全片制作完毕，在制作的过程中，每一场景均需多次按【Ctrl+Enter】快捷键进行测试，并及时调整，最后发布影片为.swf格式。

本 章 小 结

本章学习了广告动画的制作，设计好脚本及分镜之后，就可以开始制作场景了，本案例中场景较多，但是所应用的技术都不复杂，在建立了较多图层的情况下，要学会合理的命名图层并将图层用组来分类，这样方便操作和后期修改。本案例还制作了大量的影片剪辑，将影片剪辑存放在库中，方便管理及重复使用。

课 后 检 测

1. 请自拟一个广告主题，制作一个广告动画。

2. 完成天猫"双十一"广告banner的制作，如图11–54所示。在练习的过程中，学会合理建立图层，及时创建图形元件和影片剪辑，运用传统补间、补间形状制作各种元素的动画效果。

请扫一扫获取
相关微课视频

■ 图 11–54　广告 banner 的制作

第 *12* 章

公益短片动画制作

课前学习任务单

学习主题：公益短片动画的设计原则。

达成目标：了解广告动画的特点表现形式。

学习方法建议：在课前对12.1节的内容进行学习。

课堂学习任务单

学习任务：制作《蚂蚁森林》公益短片动画。

重点难点：人物动作的制作，渐隐渐现动画效果的设置。

课后检测：完成以《垃圾分类》为主题的公益短片动画制作；完成《元旦快乐》节日贺卡的制作。

12.1 课前学习——公益短片动画的设计原则

"公益广告"又称为公共服务广告，它是为人民群众服务的、非赢利的广告。公益广告主要是向人民宣传文明观念，来提高群众思想素质的。公益广告可以起到规范他人行为，引领大众树立正确的世界观、人生观，更是检测社会公德的标尺。

12.1.1 公益广告的特点

（1）公益性的特点。它是非赢利性的，一般以社会为主题，主要注重围绕社会公众利益为观念来提升社会素质水平并促进社会和谐稳定发展为目的。

（2）观念性的特点。它主要传播正确的意识观念，它是为了引导公众进行自我反省、监督，通过关注一系列社会问题，来规范行为标准，提高个人道德素质并逐渐形成良好的社会风尚。

（3）广泛性的特点。公益广告是以服务社会大众为社会谋求利益为出发点而制作的广告，主要针对社会大环境问题与日常生活等问题，体现出了公益广告传播的广泛性。

（4）教育性的特点。公益广告的初衷是提高大众的自觉性，但它的表现方式是多样的。公益广告通常以社会为主题，围绕着社会公众的利益来展开。以倡导、鼓励、宣传、警示的方式引起共鸣，从而达到教育的效果。传播"弘扬无私奉献、助人为乐的精神"的理念，这也是构建和谐社会的动力，也是人类发展的重要组成部分。

12.1.2　公益广告的表现形式

公益广告是站在社会群众利益的角度去进行创作的，它的传统表现形式一般为纸媒、电视广播等形式来表达。比如通过绘画的形式也可以来制作公益广告来宣传公益理念，通过具有代表性的表现方式来展示美好，给群众提供了深层次的直观感。公益广告创作中也可以使用这种创作手法，在短时间内带给观众丰富的共鸣。

现代化的公益广告表现形式有很多种，比如互动性的表现方式和植入型的表现形式。

互动性的表现形式的公益广告十分人性化，运用了互动性的广告界面与创意融在一起，这种形式也更得观众的青睐。互动式的公益广告充分地尊重了观众的意愿和主动选择权，通过丰富的广告内容来吸引观众主动去浏览公益广告的内容，在内容中又融入了公益理念，起到了人性化宣传的作用。

除了互动式的公益广告，它的表现形式还有植入型。植入式广告是一种新兴的广告形式并被广泛地运用到各个领域中，例如电视剧、游戏、电影、综艺节目中等，公益广告在我国的传播不可小觑。

12.1.3　二维动画在公益广告中应用

二维动画最鲜明的特征就是自然感，传统的二维动画的成品都带有极强的节奏感，二维动画特征鲜明、画面流畅，能让观众充分感受作品的内涵，而公益动画具有观赏性强、戏剧性强、表现力强的特点，夸张是广告中常用的表现手法，这也刚好是公益二维广告动画的表现手法，在动画中通过想象把现实中人无法表现出来的想象力夸张化展现出来。由于处于一个快时代、一个讲究效率的时代，公益动画通过它别出心裁的视觉享受、丰富的想象力和创造力、素材清晰浅而易懂和时长较短在以二维动画广告表现形式和其他表现形式中具有了明显的优势。从而进行二维公益广告动画的制作时，夸张化和拟人化是必不可少的。

12.2　课堂练习——《蚂蚁森林》公益短片制作

短片灵感来源于支付宝的蚂蚁森林。每个人都讨厌雾霾，热爱蓝天，大多数人愿意为减少雾霾做点事。自从蚂蚁森林开通以后很多人在手机里种了一棵棵的树，种树的人说"每天叫醒我的不是闹铃，也不是梦想，是蚂蚁森林"。当种成一棵树的时候，就会觉得"二十年来的生命中，有一个被我赋予生命的第一物"，还有人说："终于这个世界因为有了我的存在而有了不同"。"蚂蚁森林"这个小短片就是想通过一个简短的动画，有趣的展现蚂蚁森林这个项目由种一棵虚拟树

请扫一扫获取
相关微课视频

到种一棵现实中的树的过程，让更多的人参与到保护环境的活动当中，让我们的世界多添一片绿。

12.2.1 脚本与分镜

场景	时间	景别	内容	字幕	备注
1	2s	全景	蓝天白云，绿树成荫	蚂蚁森林	片头
2	5s	近景	背景：家里 主体：手机屏幕里，沙漠中一颗蔫的黄色小树苗，孤零零的在风中摇曳。小树上方出现了能量。出现一只手，点击能量之后，小苗变绿了	绿色的能量环上出现 5g 字样	手机屏幕动画
3	5s	中景	（延续场景 2 设计）点了几次能量之后，小苗慢慢变大，最后成了一棵树	—	手机屏幕动画
4	10s	全景	在沙漠中，一群志愿者在挖坑、种树、浇水	—	现实中
5	5s	全景	（延续场景 1 设计）一棵棵树依次出现，最后形成森林，逐渐天空变蓝	—	鸟鸣声
6	5s	全景	画面由大渐渐缩小，地图那一块沙漠出现。然后沙漠慢慢变绿（地球由红变绿）	—	—
7	3s	中景	（延续场景 6 设计）地球自转	让你的世界多添一片绿	片尾

场景设计：

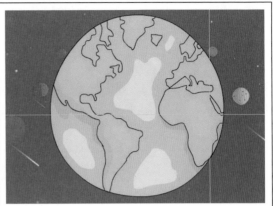

12.2.2　场景 1 制作

场景1总计由4个图层构成，分别是背景层、"蚂蚁森林"文字层两层及音效层。全场合计90帧，如图12-1所示。

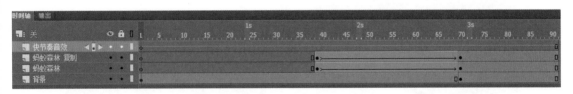

■ 图 12-1　场景 1 图层设计

（1）新建文档：新建一个ActionScript 3.0文档，尺寸为550像素×400像素，帧频率为24.0fps，背景置为白色。

（2）背景层制作：背景层是由两部分内容合成的，首先，用矩形工具、圆形工具以及钢笔工具绘制图12-2所示的内容，并对绘制的形状填充颜色。

其次，将元件中的树以及白云取出，通过改变树元件的大小以及前后顺序，摆出如图12-3所示的造型，白云取两层叠加，放置两边，背景层设置透明度Alpha值为50%。

■ 图 12-2 背景层画面

■ 图 12-3 背景层画面造型

在场景 1 中，需要制作 4 棵树元件、白云原件以及"蚂蚁森林"字符元件。4 棵树元件如图 12-4 所示，其中元件树 1 与树 4 同一造型，绘制完树 1 后，将树 1 复制到元件树 4 中，改变填充颜色，元件树 2 与树 3 亦然，如图 12-5 所示。

■ 图 12-4 场景 1 元件设计

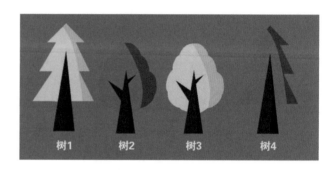

■ 图 12-5 树的元件造型

制作白云元件，以及"蚂蚁森林"文字元件，如图 12-6 所示，"蚂蚁森林"取字符样式为"方正喵呜体"，颜色为咖啡色，设计效果如图 12-7 和图 12-8 所示。

■ 图 12-6 白云元件画面

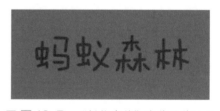

■ 图 12-7 "蚂蚁森林"字体元件画面

■ 图 12-8 "蚂蚁森林"字体样式设置

（3）文字动画制作：文字动画分两个图层进行，均在第38帧添加关键帧延续到第70帧，制作补间动画，上面一层文字元件Alpha值由0变为100%，底下一层文字元件Alpha值由0变为47%，同时发生一定位移，制作投影效果，如图12-9所示。

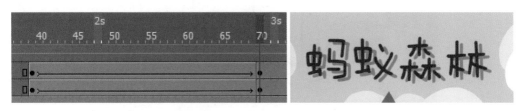

■ 图 12-9　文字层动画效果

（4）添加音效：新建一个图层，将准备的一段快节奏音效mp3导入元件库中，直接将音效拖入新建的图层，图层关键帧延续到第90帧与其他图层对齐。在这里需要注意，在场景1中插入的音频若时长大于场景1的帧播放时长，在Animate CC版本软件中该音频是会贯穿其他场景进行播放的。

12.2.3　场景 2 制作

场景2总计由7个图层构成，如图12-10所示，其中背景层素材图片来源于网络，光线层素材是在场景中通过直线工具进行绘制，其余层素材均在影片剪辑元件进行绘制，如图12-11和图12-12所示。该场景主要用到的动画效果为渐隐渐现，主要通过调整元件的Alpha值实现，调整方法为：选中元件，在"属性"面板色彩样式下，选择Alpha，调整参数。全场合计130帧。

（1）背景层制作：新建图层，命名为"背景"，直接导入库中图片"室内场景.jpg"至舞台，延续至130帧。

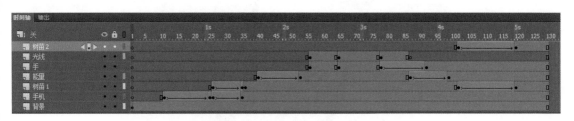

■ 图 12-10　场景 2 图层设计

■ 图 12-11　场景 2 元件设计

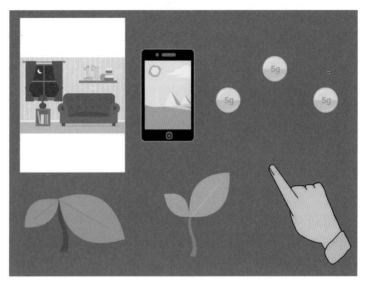

■ 图 12-12　场景 2 元件画面

（2）手机层制作：在背景层上新建图层，命名为"手机"，在第10帧新建空白关键帧，导入库中"手机"元件至舞台合适位置，设置该元件动画效果为渐渐出现（10-25帧）与放大强调（26-35帧），35帧后手机层延续至130帧。舞台效果如图12-13所示。

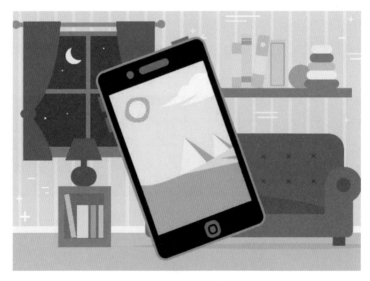

■ 图 12-13　场景 2 舞台效果

（3）能量层制作：在黄树苗层上新建图层，命名为"能量"，在第40帧新建空白关键帧，导入库中"能量"元件至舞台手机内合适位置，设置该元件动画效果为渐渐出现（40-53帧），53帧后黄树苗层延续至130层，如图12-14所示。

（4）黄树苗层制作：在手机层上新建图层，命名为"黄树苗"，在第25帧新建空白关键帧，导入库中"树苗黄"元件至舞台手机内合适位置，设置该元件动画效果为渐渐出现（25-30帧），30帧后黄树苗层延续至130层，如图12-15所示。

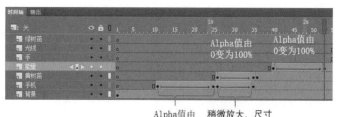

■ 图 12-14　图层效果设置

■ 图 12-15　黄树苗放置手机界面中

（5）手层、光线层制作：在能量层上新建两个图层，分别命名为"手"与"光线"，在"手层"第55帧新建空白关键帧，导入库中"手"元件至舞台内，调整至合适大小，手指指向左边5g能量处，此时用"直线工具"在光线层绘制光线，与手指的帧同步。之后在第65帧、77帧处，手指与光线分别同步指向中间与右边能量值。手指在指完右边能量值后，渐渐消失（77-92帧，Alpha值由100%变为0），而光线于85帧处消失，如图12-16所示。

■ 图 12-16　手层、光线层放置画面位置

同时，返回能量层，在能量层的第77与97帧处右击选择"转换为关键帧"命令，动画效果为渐渐消失（77-97帧，Alpha值由100%变为0），如图12-17所示。

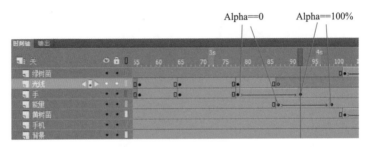

■ 图 12-17　手层、光线层效果设置

（6）绿树苗层制作：在光线层上新建图层，命名为"绿树苗"，在第101帧新建空白关键帧，导入库中"绿树苗"元件至舞台手机内合适位置，设置该元件动画效果为渐渐出现（101-120帧，Alpha值由0变为100%），120帧后绿树苗层延续至130层。

同时，返回黄树苗层，同步调整黄树苗层，在黄树苗层的第101与120帧处右击选择"转换为关键帧"命令，动画效果为渐渐消失（101-120帧，Alpha值由100%变为0），设置与效果如图12-18和图12-19所示。

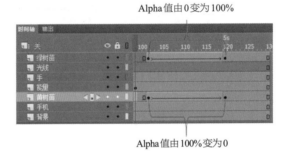

■ 图 12-18　绿树苗与黄树苗效果设置

■ 图 12-19　图层画面变化效果

12.2.4　场景 3 制作

　　场景 3 延续场景 2 的画面效果，总计由 9 个图层构成，如图 12-20 所示。动画效果可分为两部分，前 90 帧动画效果与场景 2 类似，重复手指单击能量值的动作。在图 12-20 基础上，能量层渐渐出现（10-25 帧）后又渐渐消失（77-90 帧），手指伴随光线继续单击能量值，分别于 39、47、60 帧处单击左、中、右边能量值，其中光线于第 70 帧处消失，同时，手设置渐渐消失效果（60-75 帧）。

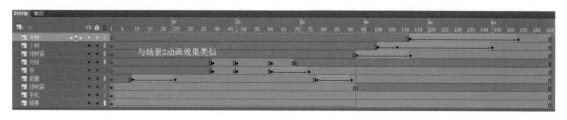

■ 图 12-20　场景 3 图层设计

　　第 120 到 165 帧为：绿树苗、小树、大树渐隐渐现交替出现，表现为单击能量值后，手机中的树由小树苗变成了小树，最后变成大树的过程。全场合计 165 帧。

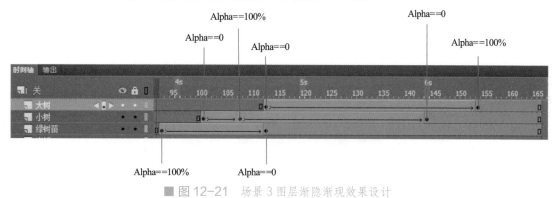

■ 图 12-21　场景 3 图层渐隐渐现效果设计

12.2.5　场景 4 制作

　　场景 4 表现的是：现实中，两个志愿者在沙漠种树的过程。全场由 4 个图层构成，时长为 48 帧，如图 12-22 所示。种树的动作主要在元件中完成。场景设计如图 12-23 所示，元件设计如图 12-4 所示。

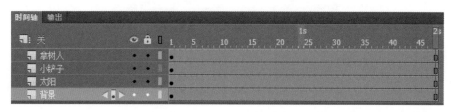

■ 图 12-22　场景 4 图层设计

■ 图 12-23 场景 4 画面设计

■ 图 12-24 场景 4 元件设计

场景4的背景层在舞台直接通过"钢笔工具"进行绘制并填充颜色，其他内容在元件中进行绘制并设置动画。该场景的元件动画有两个，一个是太阳的旋转动画，另一个是绿衣志愿者拿铲子铲土的动作。

（1）太阳旋转动画：新建影片剪辑元件，命名为"太阳"，绘制太阳形状，设置太阳的动作持续时间为29帧，创建补间动画如图12-25所示，选中补间任意一帧，在"属性"面板上将补间的"旋转"属性设为"自动"，如图12-26所示。

■ 图 12-25 太阳旋转动画效果

■ 图 12-26 太阳旋转动画属性设置

（2）志愿者铲土动画：本案例中绿衣志愿者拿铲子铲土动作的动画效果是一个循环往复运动，即第一帧与最后一帧的动作是相同的。主要是将人物动作的左手、右手及铲子做成元件，调整这三者之间的位置关系形成动画效果，元件合计32帧。效果如图12-27所示。

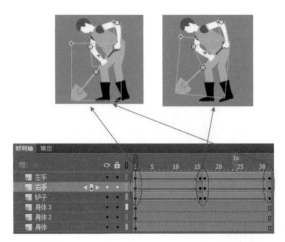

■ 图 12-27　志愿者铲土动画效果

12.2.6　场景 5 制作

场景 5 的画面设计与场景 1 的背景层画面一样，不同的是场景 1 中将所有的树都放在一个图层上，而场景 5 将每一棵树都单独放置一个图层。全场合计 185 帧。图层设计如图 12-28 所示。

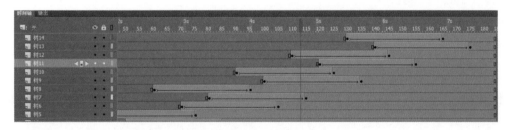

■ 图 12-28　场景 5 图层设计

具体操作是将场景 1 中的背景层的关键帧复制帧到场景 5 的背景层中，延续帧到第 185 帧。选中左边第一棵树，按【Ctrl+X】快捷键进行剪切，新建图层，命名为"树1"，选中图层第 10 帧插入空白关键帧，按【Ctrl+V】快捷键进行粘贴，调整元件到合适位置，在第 185 帧插入帧与背景层持平，同时选中第 50 帧，转换为关键帧，并在第 10 帧与 50 帧之间插入补间动画，调整第 10 帧 Alpha 值为 0。让这棵树有渐渐出现的效果。效果设计如图 12-29 所示。

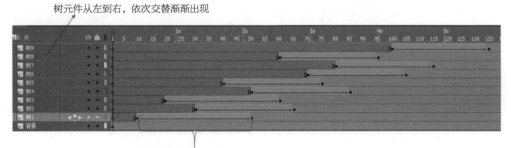

■ 图 12-29　场景 5 时间轴效果设计

在其他树元件上重复上面操作，调整关键帧的位置，直至树元件从左到右依次渐渐出现，体现了树一棵一棵变多的过程。效果如图 12-30 所示。

■ 图 12-30　场景 5 画面效果

12.2.7　场景 6 制作

场景 6 总计由 3 个图层构成，分别是背景层、黄地球层及绿地球层。全场合计 190 帧，图层设计如图 12-31 所示。元件素材来源于网络，黄地球元件与绿地球元件是同一形状，不同填色。场景主要动作为缩放动画以及渐隐渐现动画，如图 12-32 所示。

■ 图 12-31　场景 6 图层设计

■ 图 12-32　场景 6 元件画面

（1）背景层制作：新建图层，命名为"背景"，直接导入库中背景图片至舞台，调整至合适位置，延续至 190 帧。

（2）黄地球层制作：在背景层上新建图层，命名为"黄地球"，导入库中"黄地球"元件至舞台正中位置，调整合适大小，延续关键帧至190帧，同时选中第95帧、115帧、165帧处转换为关键帧。在第1-95帧、第115-165帧处插入补间动画，分别做缩小运动（1-99帧）及渐隐动作（115-165帧）。具体操作是选中第一帧关键帧，将舞台中的"黄地球"用"任意变形工具"等比放大，放大到原来10倍左右，如图12-33所示。

■ 图 12-33　背景层、黄地球层画面设计

（3）绿地球层制作：在黄地球层上新建图层，命名为"绿地球"，在第115帧处插入空白关键帧，导入库中"绿地球"元件至舞台调整大小至刚好能覆盖黄地球的位置，延续关键帧至190帧，同时选中第165帧处转换为关键帧。在第115-165帧处插入补间动画，作渐渐出现动画（115-165帧）。同时回到黄地球层的第115-165帧处作渐渐消失动画。呈现动画效果为黄地球渐渐消失，而绿地球渐渐出现，然后定格绿地球直至场景结束，效果设计如图12-34所示。

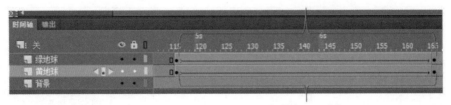

■ 图 12-34　场景 6 图层效果设计

12.2.8　场景 7 制作

场景7是短片片尾，总计由3个图层构成，分别是背景层、文字层与地球层，全场合计108帧。如图12-35所示。背景层与场景6相同，文字层是png图片做成的影片剪辑元件，地球层素材来源于网络，是由多张序列图片构成的逐帧动画做成的影片剪辑元件，如图12-36和图12-37所示。

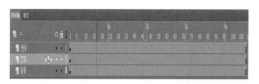

■ 图 12-35　场景 7 图层设计

■ 图 12-36　场景 7 元件设计

■ 图 12-37　场景 7 舞台画面

（1）地球元件制作：新建元件，命名为"地球"，将导入到库中的地球序列图片的第一张图片拖入舞台，并设置与舞台居中对齐，在图层 1 的第 3 帧插入帧，使得该图片延续 3 帧时间。之后新建图层 2，在第 4 帧插入空白关键帧，将第二张图片拖入舞台，设置与舞台居中对齐，并在第 6 帧插入帧，使得该图片延续 3 帧时间。依次类推，对所有图片依次做逐帧动画，每张图片延续 3 帧时间，如图 12-38 所示。

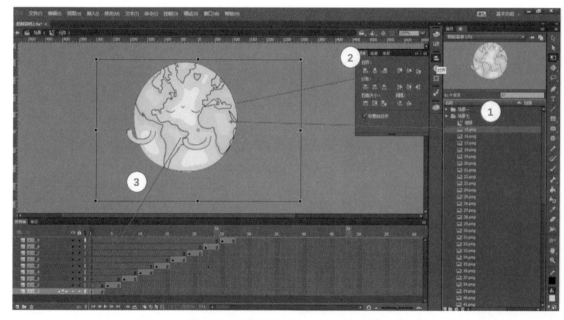

■ 图 12-38　地球元件逐帧动画制作

（2）场景7制作：新建3个图层，由下到上分别命名为"背景""文字"与"地球"，背景层与场景6一致，延续关键帧至108帧。文字层与地球层分别导入库中"文字"元件与"地球"元件至舞台合适位置，调整合适大小，延续关键帧至108帧。如图12-37所示。

全片制作完毕，在制作的过程中，每一场景均需多次按【Ctrl+Enter】快捷键进行测试，并及时调整，最后发布影片为.swf格式。

本 章 小 结

本章学习了公益短片动画的制作，公益动画在现实生活中应用比较广泛，具有教育意义，通过脚本设计、分镜设计、场景制作等流程，完成整个公益动画短片的制作。案例中的难点是人物的动作动画，通过本案例的学习，读者可以掌握人物肢体动作动画的制作方法。

课 后 检 测

1. 完成以《垃圾分类》为主题的公益短片动画创作。
2. 完成《元旦快乐》节日贺卡的制作，如图12-39所示。虽然贺卡的演示时间非常短，但是制作贺卡的工作量却是非常大的，从收集处理素材，到动画的制作，都需要不断摸索，将贺卡制作得更加细致、细腻和活泼。

请扫一扫获取
相关微课视频

■ 图12-39　节日贺卡

第13章

故事型动画制作

◎ 课前学习任务单

学习主题：故事型动画的脚本写作。

达成目标：了解完整的动画脚本格式。

学习方法建议：在课前对13.1节的内容进行学习。

◎ 课堂学习任务单

学习任务：制作《指鹿为马》故事型短片动画。

重点难点：人物表情动画的制作。

课后检测：完成以某成语故事为主题的动画制作；制作诗歌动画《枫桥夜泊》。

13.1 课前学习——故事型动画的脚本写作

在做故事型动画之前，我们首先要明确动画的主题，围绕主题，设计动画故事。主题，即编剧在题材运用中传达的主要思想，一般是指剧本通过角色塑造和对生活的描绘所体现的中心思想，是剧作者对生活、历史和现实的认识、评价及理想的表现。做设计的过程就是怎么给用户讲故事，故事情节的设计是一个情感体验的设计。故事有起承转合，设计也有轻重缓急，设计是面向大众的，所以要经常和一群人去分享设计的故事。在以人为本的设计思维中，动画的故事性，与戏剧的五要素，交互的关系融入到设计的过程中的。以用户的角度出发，理解什么是用户需要的，什么是用户所期望，并以用户的角度来感受所获取的资料，建立典型用户角色。描绘并理解他们的日常使用情景，来改善提高我们的设计。只有明确了用户需要什么，得到我们的机会点，明确我们的设计主题，构建动画故事主线。

初学动画脚本写作需要先弄清楚动画脚本、分镜头脚本有何区别。分镜头脚本是导演的工作，里面会更细致地把摄像机的角度、镜头术语、角色走位等拍摄时的一些具体设计都会写出来。而动画脚本是编剧的工作，它的基本内容主要包括人物、故事、主题和文字表达等，主要是动画作品的文字骨架，它不用告诉导演如何拍，拍什么，而是要"逐个场地、逐个镜头"地写剧本。因此，两者有着很大的区别。那么什么是镜头呢？悉德·费尔德曾说到，剧本中的镜头是指"摄影机所看到的东西"。

由此可见，脚本的写作不仅影响着一个好的镜头画面设计，而且会影响整个故事情节乃至整个动画影片的设计，因此，脚本写作虽没有像动画影片的设计有着崇高的艺术创作，这看似一个普通的工作，却有着不可忽视的作用。

作为动画编剧，首先要清楚动画剧本的基本格式。虽然动画剧本的格式规范依照各公司的制作要求会有一些区别。但是对于动画剧本，首先应当浅显易懂，并且适合导演和分镜师阅读，才能有助于更好地绘制分镜。

一个完整的脚本，应该包含标题、故事梗概、主要人物关系以及正文四个部分。标题在策划的时候就已经确定了，故事梗概的详细分解，主要人物及关系是对剧作中人物的设定及其描述，在脚本的写作过程中，可以明确、拓展编剧的思路，在人们阅读时，能够迅速帮助读者了解主要人物的身份、性格特征，为剧作理解提供便利的条件。正文是脚本创作的主要内容，一般是按照场景依次进行的。而在每个场景中，应该包括两个部分的内容：场景标题和场景正文。

下面，对于脚本的格式，我们以广西千年传说动漫影视有限公司出品的动画剧本《指鹿为马》为例，给大家做一个分析：

脚本与分镜：

总：84.9 s

分镜脚本（1）

镜号	景别	摄法	技巧	画面	字幕	长度/s
1	全	近到远	渐显	面向秦二世为中心，朝堂	（中）：指鹿为马	—
2	—	跟左移	—	装着鹿的笼子移上朝堂 人物：四人搬笼子 背景：官员	—	—
3	—	—	—	近右：鹿 远左上：皇座上秦二世 笼子放下 侍从退下	—	—
4	—	左到右	—	远中：窃窃私语的大臣 左大：惊讶疑惑的秦二世	赵高又要搞什么鬼	3
5	—	小到大	—	小：赵高微笑的脸 大：赵高半身 背景：笼子	陛下，我献给您一匹好马	3
6	特写	—	—	鹿	—	—
7	—	—	—	秦二世皱眉 到笑容		—

镜号	景别	摄法	技巧	画面	字幕	长度 /s
8	—	—	—	秦二世 正身 微笑	丞相搞错了，这是一只鹿，你怎么说是马呢	4
9	—	—	—	同 5 镜	背景音：是啊，这明明是一头鹿嘛	3.9
10	—	—	—	赵高作揖 背景：笼子	请陛下看清楚，这的确是一匹千里马	21.4

分镜脚本（2）

镜号	景别	摄法	技巧	画面	字幕	长度 /s
11	—	—	—			
12	—	—	—	秦二世皱眉，手挠下巴	马的头上怎么会长角呢	1.5
13	特写	—	—	赵高手指向鹿 背景：大臣 背景右移 赵高手左移	陛下如果不信我的话，可以问问众位大臣	—
14	—	左移	—	大臣交头接耳 （大臣的袖子抬起掩嘴）	这个赵高搞什么名堂？是鹿是马这不是明摆着吗	4.5
15	—	—	—	赵高脸上露出阴险的笑容 眼睛向右瞟 赵高右移 背景：大臣 左移	—	—
16	—	特	—	大臣低头害怕脸		—
17	—	中	—	秦二世：正身	那众位大臣说说这是鹿还是马	3.5
18	特写	—	—	一位大臣正义脸	这明明就是鹿	2
19	—	—	—	几位大臣遮住正义脸大臣 附议赵高（摆动的手） 正义脸大臣被挤到后	这是马 对 对 这是一匹好马	2.5
20	—	—	—	秦二世：正身	既然众位大臣说这是马 那就是马吧	2 1.5
21	特写	—	—	赵高奸笑得逞脸	—	—
22		—	—	鹿：眨眼	—	—
23		放大	—	鹿 聚焦鹿眼睛 放大 全显黑底白字	颠倒是非 混淆黑白	—
24		—	渐隐	黑底白字		—

首先对于分镜脚本写作而言，一般可按镜号、镜头运动、景别、时间长度、画面内容、台词和音乐音响的顺序，画成表格，分项填写。对有经验的导演，在写作格式上也可灵活掌握，不必

拘泥于此，比如可以加颜色、辅助线、文字说明等，最主要的目的是为创作服务。

由案例可知，镜号是每个镜头按顺序的编号，从 1 开始计算。拍摄时不一定依次按编号拍摄，但编辑时必须按顺序编辑。景别一般分为远景、全景、中景、近景、特写、微距等，如果有特殊要求可备注。通常景别已经用绘画形式表现出来了，不用特别说明。摄法体现镜头的运动方式、演员的走位调度和构图等，通常拍摄运动镜头有推、拉、摇、移、跟、甩等几种基础运动方式。内容是根据剧本内容标注，台词或字幕根据剧本中的角色台词标注，音乐写背景音乐，可标明起始位置，效果是用来创作画面身临其境的真实感，如现场的环境音：雷声、动物叫声等。秒数指每个镜头的拍摄时间长度，以秒为单位。

其次，对于故事的描述，需要逐个场地、逐个镜头地去写。而案例中后面这些内文就是"逐个镜头"地叙述人物的动作和行为。在这里特别值得注意的是，当要表现人物有某种想法时，或者有某种感受的时候，要用行为动作去展现，而不是简单地把它叙述出来。例如，在描述赵高因为阴谋得逞，颠倒黑白时，从"眼睛右漂"及言语奸笑中可看出赵高阴谋得逞的心情，把人物内心的心情表现了出来。

总之，分镜头脚本是创作动画必不可少的前期准备。分镜头脚本就好比建筑大厦的蓝图，是摄影师进行拍摄，剪辑师进行后期制作，也是演员和所有创作人员领会导演意图，理解脚本内容，进行再创作的依据。同时，它也给影片的时长和预算提供了重要参考。

13.2　课堂学习——"指鹿为马"成语故事动画制作

动画内容来源于指鹿为马的成语故事。秦朝末年，赵高试图要谋权篡位，为了试探朝廷中有哪些大臣顺从他的意愿，特地呈上一只鹿给秦二世，并说这是马。秦二世不信，赵高便借故问各位大臣。不敢逆赵高意的大臣都说是马，而敢于反对赵高的人则说是鹿。后来说是鹿的大臣都被赵高用各种手段害死了。

请扫一扫获取
相关微课视频

全故事分为 4 个场景进行制作，每个场景的分镜号分布如图 13-1 所示。整个故事的人物造型设计以及场景设计灵感来源于网络，通过 AI 以及 AN 进行二次绘图以及动画创作进行的故事讲解。

■ 图 13-1　全片场景分镜号

13.2.1 场景 1 制作

场景 1 制作的是脚本镜号 1~3 的故事，总计由 7 个图层构成，分别命名为：朝堂层、3 官员场景层、笼子走动层、呈上笼子层、侍卫离开层、笼子留下层及字幕层，如图 13-2 所示。

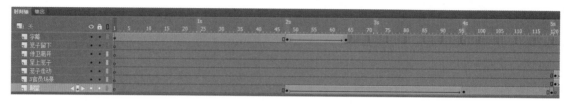

■ 图 13-2　场景 1 图层设计

场景 1 前 2s 首先出现"指鹿为马"字幕，然后通过渐显的效果转场指向面向秦二世为中心的朝堂，如图 13-3 所示。朝堂场景以秦二世为中心，由大及小，由近到远的进行位移。图 13-4 是位移时间从第 48 帧到 95 帧，通过传统补间实现效果，之后定格从第 95 帧到 120 帧的实现效果，如图 13-5 所示。

■ 图 13-3　字幕渐隐效果

■ 图 13-4　字幕到秦二世画面过渡

■ 图 13-5　秦二世朝堂由远及近效果

场景1层所用素材均在影片剪辑元件进行绘制。

场景设计：

（1）新建文档：新建一个ActionScript 3.0文档，尺寸为1 024像素×768像素，帧频率为24.0fps，背景置为黑色。

（2）字幕制作：新建图层，命名为"字幕"，直接导入库中"指鹿为马"镜片剪辑元件至舞台中央，从第1帧到第48帧静态呈现字幕。在第48帧到64帧处插入关键帧，通过调整"传统补间"将字幕透明度的Alpha值由100%至0变化，字幕呈现渐隐效果，如图13-6所示。

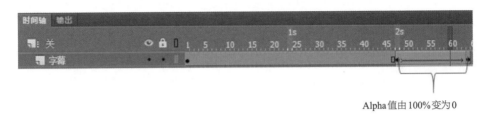

Alpha值由100%变为0

■ 图13-6 字幕效果设计

（3）朝堂制作：新建影片剪辑元件名为"1"在元件中绘制背景、胡亥等元素，制作朝堂正向画面，如图13-7所示。

■ 图13-7 朝堂画面效果

新建图层，命名为"朝堂"，直接导入库中"1"元件至舞台中央，在第48帧到96帧插入关键帧，通过创建"经典补间动画"将元件由大变小，形成画面由近拉远的效果。从第97帧到120帧静态展示朝堂，如图13-8所示。

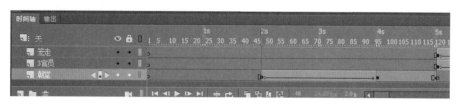

■ 图 13-8　朝堂画面效果设置

（4）笼子呈上朝堂过渡画面制作：新建剪辑元件名为"三官员"，绘制背景与背景中的三个官员，如图 13-9 所示。制作睁眼闭眼两种状态，给他们交叉时间打关键制作眨眼效果，如图 13-10 所示。

■ 图 13-9　三官员元件放置效果

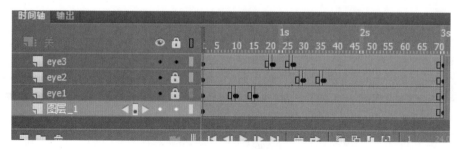

■ 图 13-10　三官员眼睛效果设置

新建剪辑元件名为"笼走"，制作四人抗笼的侧面画面，如图 13-11 所示。通过"经典补间动画"制作上下运动，给人一种人物走动的感觉，如图 13-12 所示。

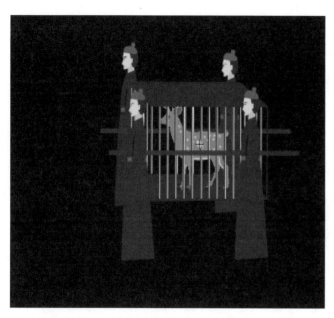

■ 图 13-11　四人抗笼的侧面画面

■ 图 13-12　四人抗笼上下运动效果

　　新建两个图层与元件同名，通过"经典补间动画从第121到192帧"制作"三官员"从左向右运动，"笼走"从右向左运动，形成呈上笼中鹿的效果，如图13-13和图13-14所示。

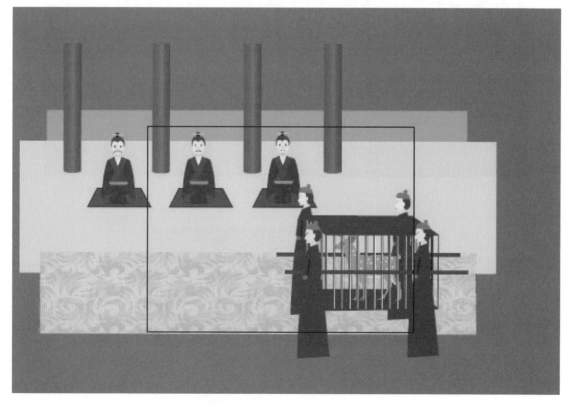

■ 图 13-13　笼子呈上朝堂过渡画面

■ 图 13-14　笼子呈上朝堂过渡图层设置

（5）笼中鹿呈上朝堂官员退场画面制作：新建"上笼"元件，制作4人抗笼的背面画面，通过"经典补间动画"制作上下运动，给人一种人物走动的感觉，如图13-15和图13-16所示。

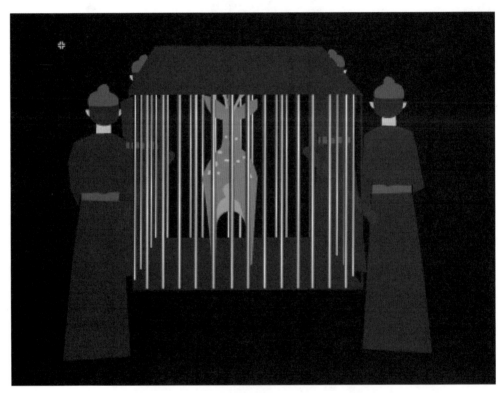

■ 图 13-15　笼中鹿呈上朝堂官员退场画面

■ 图 13-16　笼子上下运动效果设置

把笼子与抬笼4人分开为"只有笼""抬笼四人"两个元件，方便之后制作退场效果，如图13-17和图13-18所示。

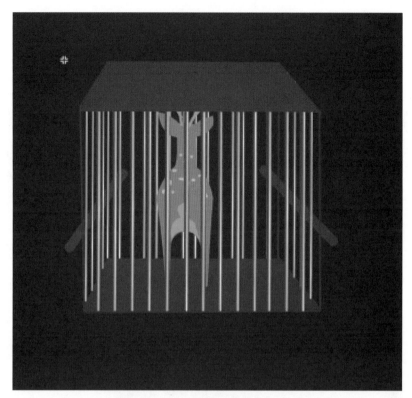

■ 图 13-17　"只有笼"元件设计

■ 图 13-18　"抬笼四人"元件设计

新建图层"上笼",添加"上笼"元件,配合"朝堂"图层,如图13-19所示。从139到227帧,通过"经典补间动画",让抬笼4人从下向上移动,制作笼中鹿呈到朝堂的效果。从227到220帧,静止画面,效果设置如图13-20所示。

■ 图 13-19 朝堂画面设计

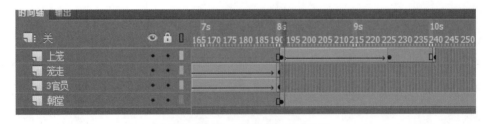

■ 图 13-20 朝堂画面效果设置

新建图层"侍卫走""笼留下",分别添加"抬笼四人""只有笼"两个元件。让"朝堂""笼留下"两个图层从241到289帧一直静止。"侍卫走"图层从241到248帧先静止,然后从249到289帧通过"经典补间动画"做从上到下的退场动画,设计及效果设置如图13-21和图13-22所示。

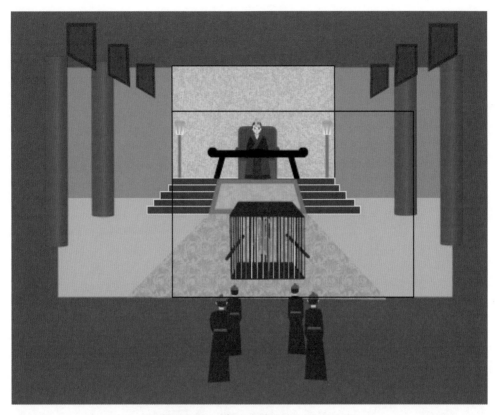

■ 图 13-21　朝堂"侍卫走"画面设计

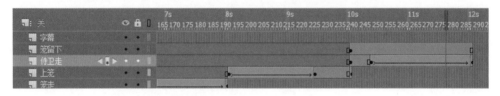

■ 图 13-22　朝堂"侍卫走"画面效果设置

13.2.2　场景 2 制作

场景 2 制作的是脚本镜号 4-10 的故事，总计由 14 个图层构成，分别命名为：4 大臣私语、4bg1、4 秦王惊讶、5-6 bg2、5-6 赵高身后笼、5-6 赵高近、说话、7 bg3 胡亥上移镜头、7-8 秦王皱 - 笑、9 bg4、9 赵高身后笼 2、9 赵高近 2、字幕、配音。

通过绘制画面与后期配音，制作秦王与官员质问赵高为何把笼中鹿说成马场景。

场景设计：

（1）新建元件"4"，绘制 3 个官员的近景正面画面，如图 13-23 所示。通过"经典补间动画"制作左边两个官员向中间倾身的画面，表达了官员们的疑问，如图 13-24 所示。

新建"4 大臣私语"图层，添加"4"元件，在 0 到 23 帧画面为左边两个官员倾身动画的近景，从 24 到 28 帧通过"经典补间动画"移动画面转到右边两个官员的近景，如图 13-25 所示。从 29 到 72 帧让画面静止。制作官员们议论纷纷的效果，如图 13-26 和图 13-27 所示。

■ 图 13-23　三个官员的近景正面画面

■ 图 13-24　左边两个官员向中间倾身画面设置

赵高又要搞什么鬼

■ 图 13-25　左边两个官员倾身动画的近景

■ 图 13-26 右边两个官员的近景

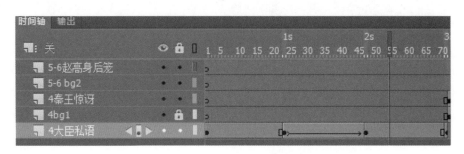

■ 图 13-27 大臣私语效果设置

（2）秦王惊讶画面制作：新建元件"胡亥惊讶"，通过"钢笔工具"绘制秦王惊讶表情的过程。如图 13-28 所示。

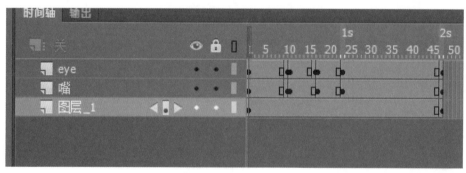

■ 图 13-28　秦王惊讶画面制作和秦王惊讶画面图层效果设置

　　新建图层"4bg1"，添加元件"1"制作画面背景。新建图层"4秦王惊讶"添加元件"胡亥惊讶"，给两个图层从73到120帧打上静止关键帧。制作秦王惊讶表情的近景画面。在第5到27帧给"字幕"图层通过"文本工具"添加"赵高又要搞什么鬼"字幕效果。

　　（3）赵高呈上笼中鹿画面制作：新建"赵高躬身""赵高身后笼""地毯花纹""嘴"元件。通过嘴巴的开合大小制作说话效果，过程如图13-29～图13-32所示。

■ 图 13-29　"赵高躬身"元件

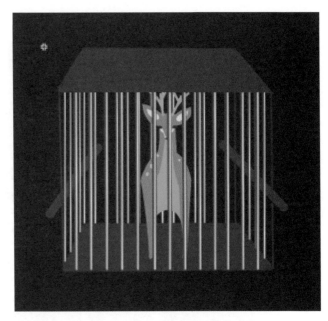

■ 图 13-30　"赵高身后笼"元件

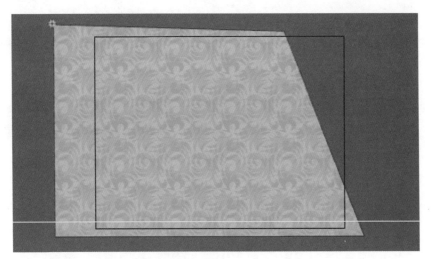

■ 图 13-31　"地毯花纹"元件

■ 图 13-32　"嘴"元件

新建"5-6 bg2"图层，添加"地毯花纹"元件，新建"5-6赵高身后笼"图层，添加同名元件。以这两个图层作为画面背景。新建"5-6赵高近"图层，添加"赵高躬身"元件。新建"说话"图层添加"嘴"元件，让所有图层从121到196帧创建静止画面。制作赵高站在笼中鹿前说话的场景。从197到244帧通过"经典补间动画"制作背景画面与笼中鹿放大，赵高向画面右下角移动消失，从244到294帧画面静止，把画面重点放到笼中鹿上。在"字幕"图层的121到215帧添加"陛下,我献给您一匹好马"字幕。过程如图13-33~图13-35所示。

陛下,我献给您一匹好马

■ 图 13-33　赵高场景画面设计

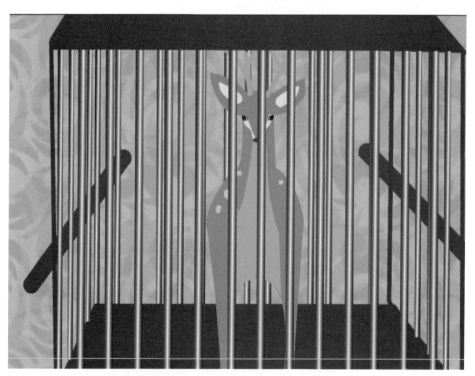

■ 图 13-34　鹿场景画面设计

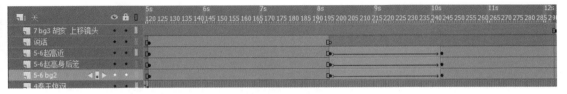

■ 图 13-35　赵高场景向鹿场景过渡画面设置

（4）秦王官员再次质问赵高画面制作：新建元件"胡亥皱－笑"绘制秦王不解疑问的画面，如图 13-36 所示。

■ 图 13-36　秦王不解疑问的画面

新建图层"7bg3 胡亥上移镜头"添加元件"1"，通过"经典补间动画"从 293 到 316 帧，让画面从朝堂的下移动到朝堂上秦王的位置。新建图层"7-8 秦王皱－笑"添加同名元件，让画面元素从 317 帧持续到 468 帧。给"字幕"图层从 340 到 468 帧添加字幕"丞相搞错了，这是一只鹿，你怎么说是马呢"，效果如图 13-37 所示。

新建图层"9 bg4""9 赵高身后笼 2""9 赵高近 2"分别添加"地毯花纹""赵高身后笼""赵高躬身"元件，让画面元素从 469 帧持续到 586 帧。给"字幕"图层从 469 到 539 帧添加字幕"（大臣）是啊，这明明就是一头鹿嘛"，效果如图 13-38 所示。

■ 图 13-37　秦王画面添加字幕

■ 图 13-38　赵高画面添加字幕

（5）后期配音制作：通过录音软件录制字幕配音，把它们放到字幕出现的位置。

13.2.3　场景 3 制作

场景 3 制作的是脚本镜号 10—17 的故事，总计由 18 个图层构成，分别命名为：10 地毯、10 赵高 鹿、11bg、11 秦、11—12 挠下巴、11 防挡的桌子、13 bg 笼、13 官员的眼睛、13 赵高 手、14、14 掩嘴、15 bg、15 赵高阴险笑、16、17、17 嘴、字幕、配音。

通过绘制画面与后期配音，制作秦王与赵高争辩鹿马之分，赵高提议让众位大臣做定夺的部分。

场景设计：

（1）制作赵高反驳秦王画面：新建元件"作揖动作"，绘制赵高对秦王作揖的画面。通过"经典补间动画"让手臂沿着手肘旋转制作作揖动作，让头高度变扁做点头动作，如图 13-39 和图 13-40 所示。

■ 图 13-39　赵高"作揖动作"元件

■ 图 13-40　赵高"作揖动作"元件时间轴设置

新建元件"10 镜"，添加"作揖动作""嘴""赵高身后笼"元件，制作赵高站在笼前反驳秦王的画面，如图 13-41 所示。

给"字幕"图层通过"文本工具"添加"请陛下看清楚，这的确是一匹千里马"字幕，如图 13-42 所示。

新建图层"10 地毯"增加"地毯花纹"元件，新建图层"10 赵高 鹿"增加"10 镜"元素。让两个图层的画面从 1 帧持续到 144 帧，如图 13-43 所示。

■ 图 13-41　赵高站在笼前反驳秦王的画面

■ 图 13-42　赵高画面添加字幕

■ 图 13-43　舞台场景时间轴

（2）制作秦王反问赵高画面：新建"挠下巴的手"元件，通过"钢笔工具"更改手指的形状，制作挠下巴的动作，如图13-44和图13-45所示。

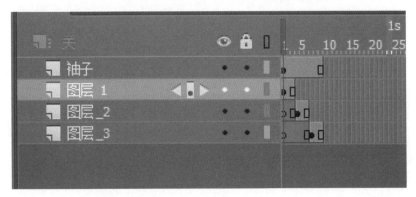

■ 图 13-44　"挠下巴的手"元件

■ 图 13-45　"挠下巴的手"元件图层设置

新建"11 bg"图层添加"1"元件制作背景画面，新建"11 秦"图层添加"胡亥皱－笑"元件，制作秦王疑问说话部分。新建图层"11-12 挠下巴"添加"挠下巴的手"元件，制作秦王疑惑摸下巴的动作。新建图层"11防挡的桌子"通过"矩形工具"制作黑色矩形，制作秦王身前的桌子部分。让"11bg""11 秦""11 防挡的桌子"三个图层从115持续到221帧，让"11-12 挠下巴"图层在115到150帧打上持续关键帧。给"字幕"图层在150到220帧添加"马的头上怎么会长角呢"字幕。添加字幕及时间轴设置如图13-46和图13-47所示。

■图 13-46　秦王疑惑摸下巴的动作与添加字幕

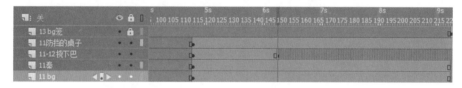

■图 13-47　秦王疑惑摸下巴的动作与添加字幕时间轴设置

（3）制作赵高反问秦王画面：新建"赵高手指向鹿""2-1"两个元件，如图 13-48 和图 13-49 所示。

■图 13-48　"赵高手指向鹿"元件

■ 图 13-49　2-1"元件制作

　　新建"13 bg 笼"图层，添加"2-1"元素，制作笼中鹿与官员们的背景，如图 13-50 所示。新建"13 官员的眼睛"，添加"官员眼睛"元件，给背景官员增添眨眼效果，让画面更加生动。新建"13 赵高 手"图层，添加"赵高手指鹿"元件，制作赵高手指向笼中鹿的效果。如图 13-51 所示把每个元素放到合适位置，让所有元素从 222 到 239 帧静止不动，从 240 到 270 帧让镜头拉远，画面元素变小，场景变宽。画面在从 274 帧持续到 339 帧，留给赵高说话的时间。给"字幕"图层在 222 到 339 帧添加"殿下如果不信我的话，可以问问众位大臣"字幕，时间轴设置如图 13-52 所示。

■ 图 13-50　赵高指向笼子页面及添加字幕

■ 图 13-51　官员表情画面及添加字幕

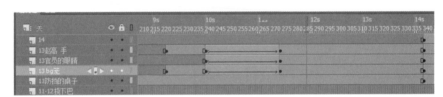

■ 图 13-52　场景时间轴设置

（4）制作众位大臣议论纷纷的画面：新建元件"掩嘴的手"，如图 13-53 所示。

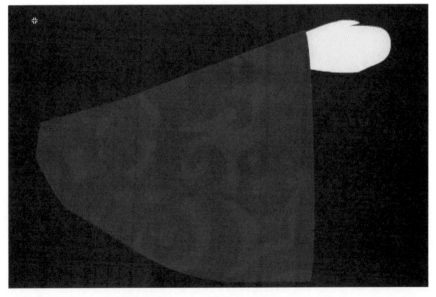

■ 图 13-53　"掩嘴的手"元件设计

新建"14"图层，添加"4"官员倾身的元件，新建"14 掩嘴"图层，添加"掩嘴的手"元件，两个图层合起来制作官员掩着嘴窃窃私语的画面。在 340 到 372 帧，让背景人物持续不动，让"14 掩嘴"图层沿着手肘做旋转运动，给它增加"经典补间动画"。让整个画面从 373 到 411 帧通过"经典补间动画"做整体向左平移运动。让画面在 411 到 450 帧持续不动，给画面配音留下空间。设计过程如图 13-54 ~ 图 13-56 所示。

■ 图 13-54 官员场景设计（1）

■ 图 13-55 官员场景设计（2）

■ 图 13-56　官员场景时间轴设置

（5）制作赵高阴险笑画面：新建"阴险笑"元件，制作赵高勾嘴角阴险偷笑的画面，如图 13-57 所示。

■ 图 13-57　"阴险笑"元件设计

新建"15 bg"图层，添加"2-2"元件，制作画面背景。新建"15 赵高阴险笑"图层，添加"阴险笑"元件。让两个图层在 451 到 505 帧有持续画面，在 463 到 488 帧添加"经典补间动画"，制作背景向左移动，人物向右移动的效果，设计如图 13-58 和图 13-59 所示。

■ 图 13-58　赵高阴险笑场景设计（1）

■ 图 13-59　赵高阴险笑场景设计（2）

（6）大臣害怕脸画面制作：新建元件"大臣害怕脸"，通过绘制汗滴落的效果制作被大臣害怕的效果，通过"经典补间动画"让汗从上向下移动，让汗透透明度的 Alpha 值由 100% 至 0 变化，呈现渐隐效果，元件设计及时间轴设置分别如图 13-60 和图 13-61 所示。

■ 图 13-60　"大臣害怕脸"元件设计

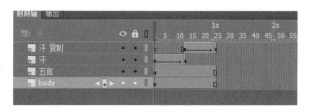

■ 图 13-61 "大臣害怕脸"时间轴设置

新建图层"16"添加元件"16大臣害怕脸"让画面从506持续到553帧。

（7）秦王问众位大臣画面制作：新建"17""17嘴"两个图层，分别添加"1""嘴"两个元件，让画面从554持续到637帧，制作秦王提问的画面，如图13-62所示。

那众位大臣说说这是鹿还是马

■ 图 13-62 秦王"嘴"运动画面

13.2.4 场景4制作

场景4制作的是脚本镜号18-24的故事，总计由12个图层构成，分别命名为：bg、18正义大臣、19摆手、19摆动的手、20胡亥、20胡亥嘴、21赵高 笑抖、22-23 bg、22-23鹿、24字、配音、鸣谢。

通过绘制画面与后期配音，制作大臣争辩鹿马之分，秦王妥协指鹿为马，赵高奸计得逞的部分。

场景设计：

（1）制作正义大臣与奸臣争执的画面：新建元件"18正义脸大臣""倾身官员2"为双方争辩

选手，给"倾身官员 2"的奸臣增加眨眼效果，让画面在配音时更加自然。新建元件"摆手"，制作奸臣争辩否认画面。设计过程如图 13-63 ~ 图 13-67 所示。

■ 图 13-63　"正义脸大臣"画面

■ 图 13-64　"倾身官员 2"画面

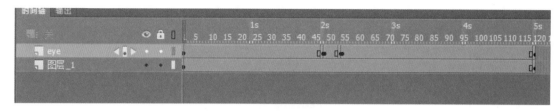

■ 图 13-65　时间轴设计

■ 图 13-66　"摆手"元件画面

■ 图 13-67　"摆手"画面时间轴设置

　　新建"bg"图层通过"矩形工具"制作棕色矩形制作背景画面。新建"18正义大臣"图层，添加"18正义脸大臣"元件，让他在1到142帧持续出现。新建"19摆手""19摆动的手"两个图层，分别添加"倾身官员2"与"摆手"两个元件，让倾身官员20从58帧通过"经典补帧动画"从左到右移动到画面中间，让它与"摆手"元件一起从66帧持续出现到142帧，制作奸臣否认正义大臣观点的画面，观点画面如图13-68和图13-69所示。

■ 图 13-68　奸臣否认正义大臣观点画面（1）

■ 图 13-69　奸臣否认正义大臣观点画面（2）

（2）制作秦王妥协画面：新建"20 胡亥"图层添加元件"1"，新建"20 胡亥嘴"添加元件"嘴"放大画面到秦王半身位置，制作秦王说话的近景部分。整个画面从 143 持续到 228 帧，如图 13-70 所示。

■ 图 13-70　秦王妥协画面

（3）制作赵高奸计得逞偷笑画面：新建元件"21赵高笑抖"通过更改身体与头部的位置，制作赵高偷笑抖动的画面。新建图层"21赵高笑抖"增加同名元件，让它从229持续到277帧。设计过程如图13-71～图13-73所示。

■ 图 13-71　赵高奸计得逞偷笑画面（1）

■ 图 13-72 赵高奸计得逞偷笑画面（2）

■ 图 13-73 赵高奸计得逞偷笑画面时间轴设置

（4）制作结尾部分：新建元件"结尾字"，通过"文本工具"制作文字：颠倒是非，混淆黑白。新建"22-23 bg"图层添加"地毯花纹"元件制作背景。新建图层"22-23鹿"添加元件"赵高身后笼"展现笼中鹿正面部分。通过"经典补间动画"让背景与笼中鹿在278到346帧放大到鹿的眼睛到画面的30%左右。新建"24字"图层，添加"结尾字"元件，让文字在346帧从透明渐变出现，给笼中鹿与背景图层更改透明度从100%变为0，让文字透明度从0变为100%，持续到371帧。让文字从371到394帧放大到画面中心，画面静止持续到442帧。在460到515帧添加字幕"完"，表示动画以结束。新建"鸣谢"图层，利用"文字工具"打出动画的制作与配音，从516持续到577帧。设计过程如图13-74～图13-78所示。

■ 图 13-74　结尾场景设计

■ 图 13-75　结尾场景放大效果画面

■图 13-76　结尾场景渐隐效果并添加字幕

■图 13-77　结尾场景字幕出现

■ 图 13-78 结尾场景时间轴设置

（5）配音制作：通过录音软件录制字幕语句，把他们放到相应的位置，完成配音。

全片制作完毕，在制作的过程中，每一场景均需多次按【Ctrl+Enter】快捷键进行测试，并及时调整，最后发布影片为.swf格式。

本 章 小 结

本章学习了故事型动画的制作，故事型动画需要精心设计脚本和分镜，脚本的正确格式也需要大家认真学习。本案例中的难点是人物的表情动画制作，为了体现人物的心理活动，在绘制人物表情时，需要反复斟酌，直到调整到合适的状态。学会了故事型动画的制作，今后大家就可以尝试制作其他的故事动画了。

课 后 检 测

1. 我国历史上有很多有趣的成语故事，请选择其中一个成语故事，制作一个故事型动画。

2. 请根据所给的文字、图片和音频素材，制作诗歌动画《枫桥夜泊》，导入诗歌朗诵的音频文件，添加字幕，并实现动画镜头的效果。

剧本：《枫桥夜泊》张继。

月落乌啼霜满天，江枫渔火对愁眠。

姑苏城外寒山寺，夜半钟声到客船。

场景：总共有9张图片素材，如图13-79所示。

请扫一扫获取
相关微课视频

■ 图 13-79 场景图片素材

片头：是一幅书法卷轴缓缓展开的动画，如图13-80所示。

■ 图 13.80　制作片头

动画效果：使用运动镜头将各个图片素材进行连接，并添加字幕和音频文件，如图13-81所示。

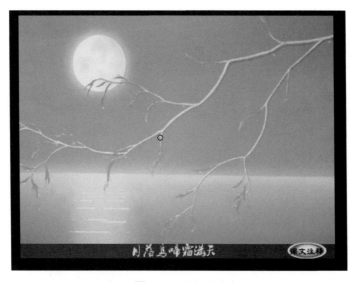

■ 图 13.81　场景内容

制作完成之后，请发布为Flash（.swf）、HTML（.html）、Windows放映文件（.exe）三种格式。

参考文献

[1] 陈. Adobe Animate CC 2019经典教程 [M]. 岿岳，译. 北京：人民邮电出版社，2020.

[2] 周建国. Animate CC 2019动画制作与应用：微课版 [M]. 北京：人民邮电出版社，2020.

[3] 孔祥亮，冯彦乔. Animate CC 2019动画制作案例教程 [M]. 北京：清华大学出版社，2020.

[4] 白喆. Animate CC动画设计师创意实训教程 [M]. 北京：电子工业出版社，2020.

[5] 祝智庭. 智慧教育新发展：从翻转课堂到智慧课堂及智慧学习空间 [J]. 开放教育研究，2016, 22(1):18-26，49.

[6] 何克抗. 从"翻转课堂"的本质，看"翻转课堂"在我国的未来发展 [J]. 电化教育研究，2014, 35(7):5-16.